FAO中文出版计划项目丛书

农药残留对肠道微生物组和人体健康的影响

——食品安全视角

联合国粮食及农业组织　编著

马秀鹏　朱禹函　张　硕　译

中国农业出版社
联合国粮食及农业组织
2025·北京

引用格式要求：

粮农组织。2025。《农药残留对肠道微生物组和人体健康的影响——食品安全视角》。中国北京，中国农业出版社。https://doi.org/10.4060/cc5306zh

本信息产品中使用的名称和介绍的材料，并不意味着联合国粮食及农业组织（粮农组织）对任何国家、领地、城市、地区或其当局的法律或发展状况，或对其国界或边界的划分表示任何意见。提及具体的公司或厂商产品，无论是否含有专利，并不意味着这些公司或产品得到粮农组织的认可或推荐，优于未提及的其他类似公司或产品。

本信息产品中陈述的观点是作者的观点，未必反映粮农组织的观点或政策。

ISSN 978-92-5-137810-6（粮农组织）
ISSN 978-7-109-33000-9（中国农业出版社）

FAO中文出版计划项目丛书

指 导 委 员 会

主　任　韦正林
副主任　彭廷军　郭娜英　顾卫兵　施　维
委　员　徐　明　王　静　曹海军　董茉莉
　　　　余　扬　傅永东

FAO中文出版计划项目丛书

译 审 委 员 会

本 书 译 审 名 单

ACKNOWLEDGEMENTS ▍致　谢▍

本书的研究和起草工作由卡门·迪亚斯·阿米戈（Carmen Diaz-Amigo，农业粮食体系及食品安全司）和莎拉·纳赫拉·埃斯皮诺萨（Sarah Najera Espinosa，农业粮食体系及食品安全司）在高级食品安全官员凯瑟琳·贝西（Catherine Bessy，农业粮食体系及食品安全司）的技术指导下完成。

非常感谢对本书开展全过程提供支持和指导的高级食品安全官员马库斯·利普（Markus Lipp，农业粮食体系及食品安全司）以及提供技术支持和见解的食品安全官员维托里奥·法托里（Vittorio Fattori，农业粮食体系及食品安全司）。

粮农组织非常感谢专家马克·菲利（Mark Feeley，来自加拿大的顾问）为改进本书而提出的富有见地的意见和建议。

最后，特别感谢卡雷尔·卡朗（Karel Callens，粮农组织政策支持与治理部门首席经济学家的高级顾问）和法内特·方丹（Fanette Fontaine，粮农组织政策支持与治理部门的科学政策顾问），感谢他们在粮农组织率先关注和研讨微生物组对粮食体系的影响。

缩略语 | ACRONYMS

ADC	涕灭威	JECFA	联合国粮食及农业组织和世界卫生组织下的食品添加剂联合专家委员会
ADI	每日允许摄入量		
ARfD	急性参考剂量		
CAR	组成型雄甾烷受体	JMPR	农药残留联席会议
CAS	化学文摘社	MAIT	黏膜相关恒定T细胞
CBZ	多菌灵	MCP	久效磷
cRfD	慢性参考剂量	MLT	马拉硫磷
CPF	毒死蜱	MRL	最大残留限量
DDT	二氯二苯三氯乙烷	NOAEL	未观察到有害作用剂量水平
DLM	溴氰菊酯		
DWEL	饮用水水质标准	PCR	聚合酶链式反应
DZN	二嗪磷	PERM	氯菊酯
ENS	硫丹	PIC	事先知情同意
EPX	氟环唑	PMB	霜霉威
ERW	电解还原水	PND	产后日
FAO	联合国粮食及农业组织	PNZ	戊菌唑
FDA	美国食品药品监督管理局	POP	持久性有机污染物
GLY	草甘膦	SCFA	短链脂肪酸
GWI	海湾战争综合征	TDI	每日耐受摄入量
HCH	六氯环己烷	TMDI	理论最大日摄入量
IARC	国际癌症研究机构	USDA	美国农业部
ICR	癌症研究学会	WHO	世界卫生组织
IMZ	抑霉唑	WT	野生型

肠道微生物组是由细菌、病毒、真菌和古生菌组成的微生物群落。它们共同寄生在动物的胃肠道中，并在消化和免疫反应等生理功能上与宿主相互作用。肠道微生物组是高动态的，并且对许多理化因素相当敏感，例如：pH、氧压和膳食结构。这些因素影响微生物组的多样性、组成和功能，从而影响微生物群的健康状况以及与宿主的相互作用。尽管对"健康微生物群"和"肠道紊乱"这两个相关术语没有一致定义，但它们也常用来解释肠道微生物组在健康和疾病时的潜在作用。

由于膳食结构对微生物组有着很大的影响，人们担心长期接触农药残留会对微生物组产生影响，从而对人类健康造成影响，并导致非传染性疾病的发生。本研究系统综述了2019年9月至2020年5月关于该主题的现有研究，分析了农药残留、肠道微生物组与人体健康三者间的联系，并评估了这些研究中的肠道微生物组数据在农药残留风险评估中的潜在用途。

考虑到现有农药的数量众多，只有少数农药在肠道微生物组中得到了评估，其中又以草甘膦和毒死蜱最受关注。大多数研究都使用啮齿动物模型（小鼠和大鼠），在其体内进行实验，但是这些研究的设计和分析方法并不相同。此外，有些体外模型也会被提及。长期研究选择的实验剂量通常比既定的每日允许摄入量高上数倍，并且实验剂量通常使用健康指导值（例如未观察到有害作用剂量水平）、最大残留限量和环境或职业暴露作为参考。如此高剂量往往相关性有限，因为它们不能代表长期饮食中接触农药残留的情况。有关微生物组的分析大多侧重于对16S rRNA基因（通常是V3～V4高变区）进行测序来评估其多样性和结构，结果发现微生物组的组成在不同农药暴露后会或多或少发生明显变化。少数评估多剂量的研究报道了剂量-效应反应。功能性微生物组仅在有限的研究中被涉及，研究主要集中在短链脂肪酸（主要是乙酸、丙酸和丁酸）的产生上。大多数关于宿主的研究主要集中在：代谢评估（以多菌灵、毒死蜱、抑霉唑、久效磷、戊菌唑、霜霉威、p,p′-滴滴伊为例）；免疫应答（以多菌灵、溴氰菊酯、草甘膦、磷酸二乙酯为例）；肠道稳态（以毒死蜱、草甘膦、抑霉唑、氯菊酯为例）；其他功能障碍（肝脏，以氟环唑、草甘膦为例）；神经和行为变化，以毒死蜱、草甘膦、氯菊酯为例；内分泌功能，以毒死

© 粮农组织/Ishara Kodikara

蜱、磷酸二乙酯为例）。多数情况下，宿主摄入高剂量农药会导致微生物紊乱，以及其他不同程度的变化。专注于母体暴露的研究称，生命早期发现的微生物组变化会增加2型糖尿病或运动障碍等疾病的易感性或患病风险。大多数研究的作者探讨了微生物组变化和观测到的不同健康结果之间的联系，但往往没有提供支撑机制或因果关系证据。只有两项研究为了再现宿主效应，在无菌或用抗生素处理的小鼠身上，使用改变的微生物群做了粪便移殖。

　　尽管大多数研究指出，农药暴露后会造成一定程度的微生物失调和宿主变化，但在解释研究结果和使用这些数据进行风险评估时，仍存在一些重要局限，应予以适当注意。这包括统计效能低下（样本量小）、缺乏标准化模型和标准化分析方法，以及对干扰因素的考虑和掌控不足。这些往往又没有在出版物中出现。此类瑕疵使得研究的可重复性和不同研究结果间的比较变得困难。此外，已公布的研究还存在其他重要局限，这可能会推迟将微生物组数据纳入风险评估的进展。这些局限包括：在统计显著性之外，缺乏对所观察到的微生物失调的生理相关性进行综合讨论；缺乏判定何时微生物失调应视为异常的标准；缺乏足够的研究来确定因果关系和潜在机制。另一个值得注意的问题是，在动物身上观察到的微生物组的相关结果是否同样适用于人体环境，以及目前使用的安全系数是否适用于推算参考剂量。

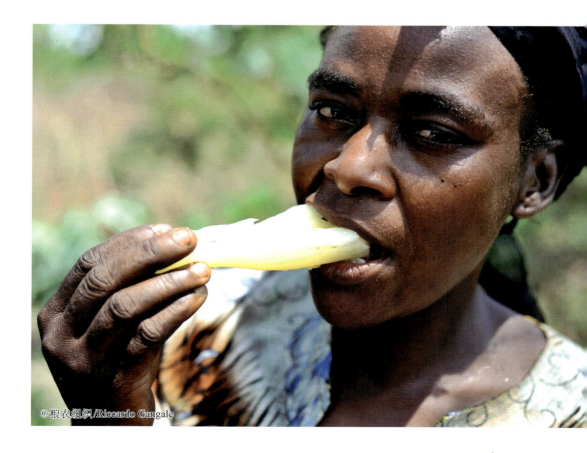

©粮农组织/Riccardo Gangale

© 国际原子能机构/Louise Potterton

©Alex Webb/ 由马格南图片社为粮农组织提供

CONTENTS **目　录**

第 1 章

简　介

在联合国粮食及农业组织（粮农组织，FAO）和世界卫生组织（世卫组织，WHO）联合发表的《国际农药管理行为守则》中，他们给出的农药定义，即"用于驱逐、消灭或控制任何害虫①，或调节植物生长的任何含有化学或生物成分的物质或几种物质的混合物"（FAO 和 WHO，2016）。全球范围内，许多农药的活性成分被用于成千上万种具有不同特性和毒理效应的农药制剂中（世卫组织，2018）。

农药活性成分可按其通用名称、化学文摘社（CAS）编号、化学类型、物理状态、主要用途、作用方式和毒性水平进行分类。而农药通常按其常见用途或作用方式进行分类。例如，除草剂，也称除莠剂，是用于控制杂草的化学物质。杀虫剂有助于管控和消灭虫害。杀真菌剂是一种杀生化合物，用于杀死寄生真菌或孢子。还有其他类型的农药，如灭鼠剂和驱鸟剂等。农药还可以按化学类型进一步分类。有机氯农药是含剧毒的有机化合物，因其环境持久性和生物累积性会危及人类健康，所以自 20 世纪七八十年代以来在多个国家被禁用。但尽管如此，它们仍然广泛地出现在对环境和人体的检测中（Tsiaoussis 等，2019；Yuan 等，2019）。有机磷农药是一类含磷元素的有机化合物，可抑制昆虫、人和某些动物的中枢神经系统发挥正常功能所必需的乙酰胆碱酯酶。氨基甲酸酯类农药来源于氨基甲酸，其作用对象与有机磷农药类似，但对胆碱酯酶的破坏作用时效短暂。同时，氨基甲酸酯还可以抑制其他酯酶②，并杀死不同类型的害虫（Struger 等，2016）。拟除虫菊酯是根据其生物作用而非化学结构定义的有机化合物。上述这些化合物通常作杀虫剂使用。

多年来，农药在全球范围内被用于控制农业害虫，防止作物受损和减产。尤其是，它们在确保粮食和饲料供应方面发挥着重要作用，为粮食安全做出贡献，满足了不断增长人口的粮食需求。尽管农药对提高农业生产具有积极

---

① 根据 FAO 和 WHO 给出的定义（2016），害虫指"对植物和植物产品、材料或环境有害的任何植物、动物或病原体的种、株（品系）或生物型，包括人类和动物疾病的寄生虫或病原体的载体，以及造成公共卫生危害的动物"。

② 酯酶：能催化酯水解成醇和酸的任何酶。

作用，但它们也可能对人体有害。农药的毒性取决于化合物的功能（例如，对人体而言，杀虫剂通常比除草剂毒性更大），以及暴露剂量和途径等因素（WHO，2018）。因为在食物、空气、水和土壤中发现了农药残留物（Roman等，2019；Tsiaoussis等，2019；Yuan等，2019），甚至在人体血液中也发现了农药残留物（Tsiaoussis等，2019），所以人们对环境和人类健康的关注与日俱增。

健康指导值[①]［如每日允许摄入量（ADI）、每日耐受摄入量（TDI）、急性参考剂量（ARfD）］是针对不同农药以及其他化学残留物确定的参考值，低于这些值对人体健康不会造成明显风险（FAO和WHO，2009）。近来，人们开始关注肠道微生物组[②]对长期暴露于低浓度化学残留物的敏感性。人体肠道微生物组是一个由细菌、真菌、病毒、原生动物和古菌组成的动态群落，与宿主共生（Tsiaoussis等，2019；Yuan等，2019）（图1-1、图1-2）。

	酸碱度	血氧分压/毫米汞柱	菌落形成单位/毫升	细菌	
胃	$1 \sim 3$	77	$10^1 \sim 10^3$	乳杆菌 链球菌 葡萄球菌 肠杆菌	影响微生物群丰度和多样性的因素
小肠	$6 \sim 7$	33	十二指肠 $10^1 \sim 10^3$	乳杆菌 链球菌 葡萄球菌 肠杆菌	年龄 饮食 宿主遗传 体力活动 地理位置 分娩方式 外源性物质暴露 抗生素 胃动力 胃液分泌
			空肠与回肠 $10^4 \sim 10^7$	双歧杆菌 拟杆菌 乳杆菌 葡萄球菌 肠杆菌	
大肠	7	< 33	结肠 $10^{10} \sim 10^{11}$	拟杆菌 真杆菌 梭菌 消化链球菌 链球菌 双歧杆菌 梭杆菌属 乳杆菌 肠杆菌	

图1-1 胃肠道环境与微生物群生态位

资料来源：Clarke G.，Sandhu K.V.，Griffin B.T.，等。2019.《肠道反应：解构外源物质与微生物组的相互作用》。药理学评论，71（2）：198。https：//doi.org/10.1124/pr.118.015768

① 健康指导值为安全摄入物质提供了指导，考虑了当前的安全数据、这些数据中的不确定因素以及可能的消化持续时间。https://www.efsa.europa.eu/en/glossary/health-based-guidance-value
② 微生物组指占据一个合理定义的栖息地中具有独特理化性质的独特微生物群落（Berg等，2020）。

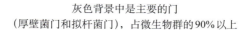

灰色背景中是主要的门
（厚壁菌门和拟杆菌门），占微生物群的90%以上

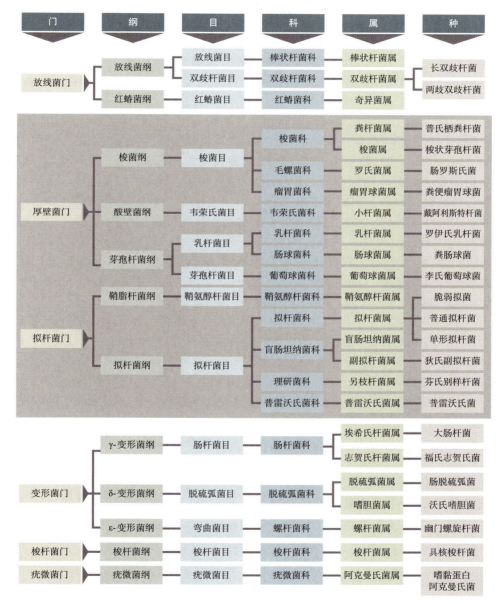

图1-2 肠道微生物群种类组成样例

资料来源：Rinninella E.，Raoul P.，Cintoni M.，等。2019。《健康的肠道微生物群组成是什么？——随年龄、环境、饮食和疾病变化的生态系统》。微生物，7（1）：14。https://doi.org/10.3390/microorganisms7010014

众所周知，肠道微生物组对宿主的肠壁完整性、抵抗病原体、能量代谢、碳水化合物发酵以及蛋白质和肽类消化等方面起着重要作用。肠道微生物组还参与胆酸代谢并产生宿主所必需的物质，如氨基酸和维生素（Tsiaoussis等，2019）。它还能合成丁酸等短链脂肪酸（SCFAs）。这些化合物对宿主具有生理上的相关性，因为它们可以作为肠细胞的能量来源和免疫调节剂，参与神经功能、抗炎以及糖原异生和能量代谢等代谢过程（Koh等，2016；Neish，2009）。

虽然人们已经认识到健康的肠道微生物群有利于宿主的健康，但新证据表明，饮食、环境以及接触化学物质等因素均会改变肠道微生物组的组成和功能（Rosenfeld，2017）。肠道微生物组失衡被称为"肠道紊乱"。不过，对该术语的定义，尚未达成国际共识（Brussow，2019；Perez等，2019）。肠道紊乱与机会性"致病"菌的丰度增加有关，与"有益"菌种减少也有关（Hooks和O'Malley，2017）。微生物组的改变可能会影响宿主的体内平衡，并可能导致代谢紊乱、炎症性疾病、内分泌失调和神经行为改变（Feng等，2019；Tsiaoussis等，2019）。农药则可能扰乱肠道细菌群落并引起肠道紊乱，从而影响个体的健康（Dechartres等，2019；Defois等，2018；Gao等，2019；Guardia-Escote等，2020；Joly Condette等，2015）。

半个多世纪以来，FAO和WHO一直在食品安全评估和风险评估方面开展合作。FAO和WHO下的食品添加剂联合专家委员会（JECFA）第一次会议于1956年召开。20世纪60年代，通过设立农药残留联席会议（JMPR）来协调对农药残留的要求和风险评估，进一步加强了这一联合（FAO和WHO，2009）。自1963年首次会议以来，农药残留联席会议每年举行一次，对食品中的农药残留进行科学评估，并就食品中农药的可接受水平提出建议。农药残留联席会议专家组由国际公认并具备独立身份的专家组成，以确保评估程序的透明度。

历史上，农药残留联席会议只评估过活性农药成分，并未考虑农药制剂中其他潜在的毒性残留化合物（如溶剂、乳化剂和防腐剂）。在首次评估或重新评估活性成分时，农药残留联席会议通过其物理和化学性质、通用名称和CAS编号来鉴别该化合物。理想情况下，化合物的提供方应提交所有相关数据进行评估。然而，如果提供方未提交数据或数据不足，委员会将依靠现有的科学文献进行鉴别。在评估过程中，除了农药单剂活性成分暴露评估外，农药残留联席会议还考虑了聚集性暴露[①]、累积性暴露[②]和复合暴

[①] FAO和WHO将聚集性暴露定义为"通过多种途径（口腔、皮肤、呼吸）和多种来源（食品、饮用水、居住环境）对单一化学品的组合暴露"（FAO和WHO，2009）。

[②] FAO和WHO将累积性暴露定义为"具有相同毒性机制的两种或多种食品化学品暴露的总和"（FAO和WHO，2009）。

露①（FAO 和 WHO，2009）。因此，农药经过严格的分析，以生成推介的健康指导值，并提出最大残留限量（MRLs）。拟议的最大残留限量随后提交给国际食品法典委员会批准，各国可依此制定本国最大残留限量。这一过程如图1-3所示。

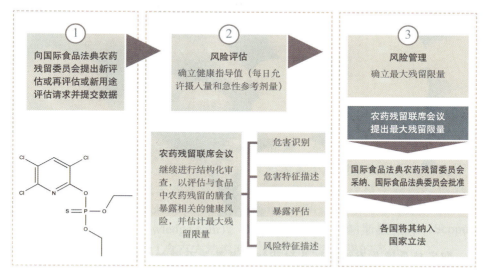

图1-3　农药评估/再评估的风险分析过程

资料来源：自行制作。

2017年，农药残留联席会议建议纳入风险评估的研究应考虑杀虫剂对肠道微生物群落的影响以及肠道细菌对外源化合物毒性的影响。值得注意的是，这些相互作用可能会受到其他因素的影响，如宿主的营养状况或吸收前的化学代谢（FAO 和 WHO，2009）。农药残留评估遵循FAO 和 WHO食品添加剂联合专家委员会逐步决策树方法，该方法被用于确定兽药的微生物每日允许摄入量和/或急性参考剂量（FAO 和 WHO，2019）：

"决策树方法最初旨在确定微生物活性残留物是否进入人体结肠。如果答案是'否'，则不需要使用微生物每日允许摄入量，而应使用毒理学或药理学每日允许摄入量。然而，如果结肠中存在潜在的微生物活性残留物，则将评估公共卫生关注的两个端点的数据，

---

① 一些化学品属于两用类别，既可用作杀虫剂又可用作兽药（Arcella 等，2019）。复合暴露是一种考虑暴露于物质混合物的评估。有四类联合作用：剂量相加作用、反应相加作用、协同作用和拮抗作用（FAO 和 WHO，2009）。

3. 混配农药和助剂　由于农产品和食品中存在多种农药残留的情况并不罕见（欧洲食品安全局，2018；欧洲食品安全局，2020；美国食品和药物管理局，2020；美国农业部，2020），以及商业产品中的农药助剂（如佐剂）对健康造成潜在的负面影响，因此查询时也包括与农药混合物和农药制剂①相关的关键词（Coalova等，2014；Dechartres等，2019；Mao等，2018；Mesnage等，2013；Rueda Ruzafa等，2019）。确定的关键词和关键词块为"农药制剂""混合液""混合物""混配农药"和"混合残留物"（附表1-4）。

4. 农药化学品类型分类　根据WHO国际化学品安全规划报告中的农药化学品类型清单（WHO，2010），以及农药残留联席会议制定的评估清单中的农药化学品类别（WHO，2021）确定关键词，并用它们进行最终搜索查询（附表1-5）。

查询方法由两三个关键词块组成：

（1）包含与肠道微生物组相关的关键词块；

（2）术语"食品"（可选）；

（3）包含与农药相关的关键词块。

下面是查询数据库的句法示例：

（"肠道微生物组"或"人体肠道微生物组"或"微生物组"或"胃肠道微生物组"）和"食品"和（"农药"或"农药残留"或"与农药制剂相关的关键词"或"与混配农药相关的关键词"或"与农药化学品类型相关的关键词"或"与农药用途相关的关键词"或"与单一活性成分相关的关键词"）。

文章筛选和选择标准

文献检索在生物医学信息数据库检索到3 008篇文章，在科学引文数据库检索到379篇文章，在斯高帕斯数据库检索到239篇文章（附录1），包括重合的文献。在删除重合文献后，将总共994篇文章（生物医学信息数据库上的817篇文章、科学引文数据库上的147篇文章和斯高帕斯数据库上的30篇文章，以及其他团队成员提供的2篇文章）的搜索信息和元数据制成Excel主文件（字段：搜索关键词和引擎、作者、标题、摘要、年份、卷、期、页和类型）。同时增加了额外的字段来管理研究发现并便于进一步筛选，其中包括完整引用的参考文献、相关性等级、评论（如相关性/排除的原因）、主题（如食品安全或营养）、化学基团（如农药、抗生素）和文章中提到的化合物。

---

① FAO和WHO（2016）将制剂定义为"各种成分的组合，旨在使产品对所声称的目的和设想的用途有用和有效"。

删除重合文献后，对文章的标题和摘要进行筛选，按照与研究主题"农药对肠道微生物组的影响"的相关性对稿件进行分类，即"相关""可能相关"和"不相关"。使用了以下标准：

相关

当文章标题或摘要包含农药的信息（与剂量无关）以及有人体肠道微生物组中可能的联系或影响等信息时，文章被评为相关。同时，体内和体外研究均在考虑之列。特别考虑了以哺乳动物模型（反刍动物除外）为重点的体内研究，因为与其他可用模型（如鱼类、昆虫）相比，哺乳动物与人类在生理和微生物组方面有更多相似之处。

可能相关

该类别包含的文章是在看过一眼标题或摘要后，无法明确其相关性。同时，体内和体外研究均在考虑之列。这一类别有可能包括与我们团队相关的文章。这些文章涉及肠道微生物组暴露于非农药的外源化合物。

不相关

当文章标题或摘要不包括用于相关类别和可能相关类别的任何选择标准时，文章被评为不相关。关于反刍动物和非哺乳动物模型肠道微生物组农药试验的文章，因其与人体胃肠道生理学的差异而被排除在外。

对所有相关和可能相关的稿件进行了进一步审阅，生成了符合全文阅读的文章集。在全文阅读后，无关稿件会被放弃。

本书中使用的稿件被分配了三个或四个字母的代码加上三位数字（表2-1）。

表2-1 稿件代码

ID引用	文章重点	ID引用	文章重点
24D###	2,4-滴	MLT###	马拉硫磷
ADC###	涕灭威	MCP###	久效磷
CBZ###	多菌灵	PERM###	氯菊酯
CPF###	氯吡啶	PMB###	霜霉威
DZN###	二嗪磷	REV###	综述
EPX###	氟环唑	DTP###	磷酸二乙酯
GLY###	草甘膦	OCP###	有机氯农药
IMZ###	抑霉唑		

资料来源：作者自述。

与每日允许摄入量相关的农药剂量标准化

为便于比较，剂量单位标准为毫克/（千克·天）。当没有以每日允许摄入量单位提供实验剂量时，则使用FAO和WHO（2009）确定的指标转换食品或水中的农药浓度。一旦标准化，剂量就与农药残留联席会议设立的人体每日允许摄入量[①]和急性参考剂量[②]有关。

© 粮农组织/Alessandra Benedetti

[①] 对食物或饮用水中化学物质含量的估算方法，以体重为基础，终生每天摄入，对消费者没有明显的健康风险。它是根据评估时所有已知事实得出的（FAO和WHO，2009）。

[②] 对食物或饮用水中物质含量的估算方法，以体重为基础，在24小时或更短的时间内摄入，对消费者没有明显的健康风险。它是根据评估时所有已知事实得出的（FAO和WHO，2009）。

第 3 章

发　　现

第一次电子检索得到了994篇独立文章，即生物医学信息数据库的817篇文章、科学引文数据库的147篇文章和斯高帕斯数据库的30篇文章。团队同事提供了另外2份稿件。图3-1给出了文章选择过程的图示。在按标题和摘要筛选文章后，98%的相关文章和15%的可能相关文章被包括在内，以便审阅全文。约56%符合全面审阅条件的文章因多种原因，如关注非肠道微生物组

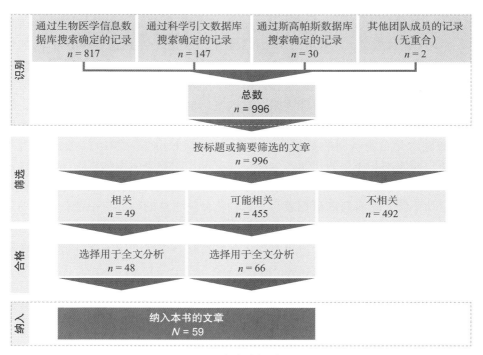

图3-1　本书文章选择过程的图示
资料来源：作者自述。

（如尿液、初乳）或缺乏有关农药暴露对微生物组和人体健康结果影响的相关数据，而被移除。本书共收录59篇稿件，包括16篇综述、36篇关于农药单剂的文章、3篇关于农药副产品的文章和4篇关于混配农药的文章。由于综述文章与其他稿件的内容重叠，它们仅用于讨论。

农药单剂

2,4-滴

除草剂2,4-滴是一种留存下来的化合物，已在全球广泛用作数千种制剂的活性成分（Tu等，2019）。2,4-滴这种化合物拥有天然植物激素3-吲哚乙酸[1]的作用，让植物不受控生长，最终导致死亡。农药残留联席会议于1970年首次对其进行了评估，并多次对其进行重新评估。最近一次评估是在2019年（FAO和WHO，2020）。

仅发现一份关于2,4-滴的稿件（附表2-1）。Tu等（2019）评估了饮用水中百万分之一的2,4-滴［约0.26毫克/（千克·天）］在4周和13周后对雄性小鼠（C57BL/6）的影响。对于小鼠亚慢性暴露［15毫克/（千克·天）］，所用剂量比每日允许摄入量高26倍，比未观察到有害作用剂量水平（NOAEL）[2]低60倍（WHO，2003）。作者们认为该剂量与职业相关。本项研究主要通过16S rRNA基因测序、鸟枪法宏基因组测序和代谢组学粪便样本评估低剂量2,4-滴暴露对微生物组及其代谢的影响。研究结果显示，α-多样性降低，微生物组组成发生改变。宏基因组学和代谢组学都表明氨基酸和碳水化合物代谢发生了变化。这一观察结果可能表明，对这些化合物的使用偏好发生了变化，影响了宿主氨基酸和能量稳态。而宿主氨基酸和能量稳态还可能受到微生物群氨基酸和碳水化合物代谢的影响（Flint等，2008；Neis等，2015）。此外，观察认为蛋白质发酵和氨基酸代谢产生的一些有毒代谢物会引发结直肠癌和慢性肾脏疾病（Louis等，2014；Nallu等，2017）。宿主血浆代谢组中的酰基肉碱含量也有所下降。也有新的证据表明，这种化合物含量的降低与帕金森症和阿尔茨海默症等神经系统疾病有关。虽然作者们无法证明微生物组扰动与血浆中酰基肉碱含量低之间的联系，但可以在这种化合物与改变的微生物群物种之间建立明确的相关性。

---

[1]　3-吲哚乙酸被定义为"一种影响细胞分裂和增殖的植物生长调节剂，其水平由复杂的途径网络维持"（Tampakaki等，2009）。

[2]　通过实验或观察发现的一种物质的最大浓度或量，其不会对目标生物的形态、功能、生长、发育或寿命产生不利改变，这与在给定的相同暴露条件下的相同物种和菌株的正常（对照）生物中观察到的明显不同（FAO和WHO，2009）。

拟杆菌门、绿菌门、绿弯菌门、螺旋体门和热袍菌门变得越来越多。螺旋体门是2,4-滴暴露导致丰度增加的门之一。属于该门的物种会引发痴呆症，包括阿尔茨海默病（Miklossy，2011）。产乙烯脱卤拟球菌也增加了，而且它已被证明在污染环境的有机氯化合物降解中起着主要作用（Adrian等，2000；Bunge等，2003）。

涕灭威

涕灭威（ADC）是一种氨基甲酸酯类杀虫剂，在农业中用于防治螨虫、线虫和蚜虫，也被用于棉花、干豆、花生、大豆、甜菜和红薯等已登记的作物品种。涕灭威的作用方式是抑制胆碱酯酶。从1979年到2006年，农药残留联席会议对其进行了多次评估（FAO，2021）。

Gao等（2019）将5只雄性小鼠（C57BL/6）暴露于含百万分之二[0.3毫克/（千克·天）]涕灭威的饮用水中13周（附表2-2）。该剂量基于涕灭威的饮用水当量水平（DWEL）（0.035毫克/升）（美国环境保护署，2018）。所用剂量低于报告的老鼠等效未观察到有害作用剂量水平（Dourson等，1997），比这种农药的推荐每日允许摄入量[0.003毫克/（千克·天）]高100倍。研究采用多组学方法评估涕灭威的效果。同时，16S rRNA基因测序和鸟枪法宏基因组学测序分析分别表明了肠道微生物组结构的变化和致病性的增加。分析还表明包含克里斯滕森菌科在内的10个属减少。该科被认为能维持人体在衰老期的健康状态（Biagi等，2016）。并且，7个具有致病性的属有所增加，包括丹毒丝菌科和梭菌属。丹毒丝菌科与结直肠癌等胃肠道疾病有关（Kaakoush，2015），而梭菌属也已探明包含艰难梭菌等致病物种。作者们报告了与群体感应系统相关的基因家族的富集，也涉及肠道细菌的致病性（如毒性、黏附性和细菌素）、诱导细菌氧化应激反应和损害脱氧核糖核酸（DNA）。其他富集基因与蛋白质降解相关。此外，脂质组学分析揭示了脂质分布的变化。与能量代谢相关的脑代谢发生了改变，但肠道微生物组在脑代谢紊乱中的致病作用尚不明确。这将需要使用无菌小鼠或粪便移植进行额外研究。微生物组-肠-轴紊乱与包括帕金森症在内的失调性疾病有关（Mulak和Bonaz，2015；Perez-Pardo等，2017）。

多菌灵

多菌灵（CBZ）是一种广谱性苯并咪唑类杀真菌剂[①]，在农业中广泛用于防

① 苯并咪唑类杀真菌剂是一类杀真菌剂，包括苯菌灵、多菌灵、甲基硫菌灵、噻苯咪唑和麦穗灵。它们可以防治各种真菌病原体，如子囊菌和担子菌，但不能防治卵菌（Leadbeater，2014）。

治谷物和水果中的真菌病害，并在农业和工业中用作防腐剂。众所周知，它是一种环境内分泌干扰物（Adedara 等，2013）。从1973年至2019年，农药残留联席会议多次对多菌灵进行了评估（FAO 和 WHO，2020）。

两项研究观察到多菌灵对脂质代谢失调和肠道微生物群紊乱的影响。它们还评估了肠道微生物组对宿主脂质代谢的潜在影响（Jin 等，2018b；Jin 等，2015）（附表2-3）。这两项研究中的研究设计包括具有不同遗传背景的小鼠、不同剂量和暴露时间。在第一项研究中，研究小组将癌症研究院（ICR）雄性小鼠暴露于高剂量多菌灵 [100、500毫克/（千克·天）] 4周多（Jin 等，2015）。这些剂量分别比0.03毫克/（千克·天）的每日允许摄入量高出 3 333 倍和16 667倍。而第二项研究在暴露于较低剂量 [0.1、0.5、5毫克/（千克·天）] 14周的雄性C57BL/6小鼠中进行（Jin 等，2018b）。实验剂量分别为每日允许摄入量的7、33和167倍（Jin 等，2018b）。

Jin 等（2015）观察到盲肠微生物群的丰度和多样性降低。多菌灵暴露增加了厚壁菌门、变形菌门和放线菌门的相对丰度，减少了拟杆菌门的相对丰度。多菌灵诱导炎症反应，并导致肝脏脂质代谢的改变（甘油三酯和肝脏中的脂质积聚以及与甘油三酯合成和脂肪生成相关基因的激活）。作者们推测，在暴露于未吸收的农药后，肠道微生物组也会促使宿主体内发生变化。

对长期暴露于较低剂量的样本进行的转录组、炎症标志物和肝脏活性分析表明，在较低剂量下，多菌灵诱导了脂质代谢、高脂血症和多组织炎症反应的改变。这些改变在肠黏膜中属于低级别变化（Jin 等，2018b）。肠道功能失调与肠道微生物群的多样性和丰度的改变有关，其特征是拟杆菌门和疣微菌门的相对丰度降低，放线菌门的丰度增加。然而，厚壁菌门和变形菌门的丰度没有变化。根据这项研究，作者们提出小鼠长期暴露于低剂量多菌灵后，微生物组失衡与肝脏脂质代谢变化之间的联系机制。然而，在该研究条件下，作者们承认，他们无法证明肠道微生物组不是观察到的变化的驱动因素，而只是一个并发事件。

这两项研究都表明，农药暴露会影响肠道细菌。然而，肝脏代谢紊乱是一个受多种因素影响的结果。因此，多菌灵在更高剂量下对微生物组的任何潜在影响都可能无关紧要。

毒死蜱

毒死蜱（CPF）是一种有机磷杀虫剂，在农业中广泛用于防治水果、蔬菜作物和葡萄园的虫害（Joly 等，2013）。毒死蜱通过抑制乙酰胆碱酯酶对昆虫的神经系统施加作用。这种农药已引起研究界的兴趣，想要弄清其对人体的毒理学风险。1972年至2006年，农药残留联席会议多次对该化合物进行了评估

（FAO，2021）。

几项研究报告称，毒死蜱暴露可能会改变肠道微生物组的组成、多样性和功能（附表2-4）。毒死蜱暴露除了造成肠道微生物组的潜在改变外，研究还关注了它对宿主肝肠功能的影响，特别关注了脂质代谢和炎症反应。其对内分泌和神经系统的影响也在评估中。另外，为评估毒死蜱对肠道微生物组的影响，也采取了多种体内和体外方法。尽管大多数体内研究是在Wistar大鼠（Wistar rats）身上进行，但也使用了小鼠（C57BL/6和ICR小鼠，ApoE-TR模型）。一些体内研究考虑了不同的因素，如动物生命周期的不同阶段（如妊娠期、幼崽、青年期、成年）、性别、饮食构成和宿主遗传背景。在体内研究中，毒死蜱的剂量比农药残留联席会议建议的每日允许摄入量［0.01毫克/（千克·天）］高30至500倍。

四项研究用体外法调查了毒死蜱的效用。Joly等（2013）在注入人体粪便的体外肠道模型[1]（SHIME®模型）（1毫克/天，暴露30天）和汉诺威Wistar大鼠（1毫克/千克，通过灌胃给予；母鼠在妊娠和断奶日之间以及产后21天，幼鼠在出生后21天和出生后21天到60天）中，研究毒死蜱的影响，发现两组模型中都发生肠道紊乱。本研究报道了潜在致病性拟杆菌的增加以及乳杆菌和双歧杆菌的减少。乳杆菌和双歧杆菌通常被认为是人类肠道微生物组中的"健康细菌"（Lin和Zhang，2017）。但这项研究并没有考虑对宿主的影响。微生物群评估也是使用传统的微生物学技术（选择性和非选择性培养基、显微镜和生化测定）。虽然体内和体外模型都发现了肠道紊乱，但这两种方法之间存在一些差异，例如，肠球菌属在体外肠道模型系统中受到的影响更大。此外，总氧菌计数在大鼠回肠中降低，但在等效的体外肠道模型反应器中增加。

Reygner等（2016a）还使用了注入人类粪便微生物群的体外肠道模型来评估低阈值剂量（1毫克/天）的毒死蜱的全身毒性（抑制脑乙酰胆碱酯酶）。体外肠道模型生物反应器由六根导管组成，后三根导管注入了粪便，分别对应结肠的升段、横段和降段。作者报告了在使用传统的细菌培养和分子生物学方法［用细菌和双歧杆菌引物进行聚合酶链式反应（PCR）扩增，通过时间梯度凝胶电泳，以及16S rRNA基因的实时定量聚合酶链式反应进行检测］后，肠道细菌群落的组成和总体多样性发生了轻微和短暂的变化。这种变化是体外肠道模型导管特有的。他们还观察到肠道微生物组的发酵活性略有改变，其特征是细菌代谢物（短链脂肪酸）发生变化。Réquilé等（2018）在体外肠道模型（注入了男性和女性供体的粪便微生物群）中评估了毒死蜱（3.5毫克/天）的效果。随后，将反应器中的提取物加入Caco-2/TC7细胞培养模型中。

[1] 模拟人类肠道微生物生态系统（Molly、Vande Woestyne和Verstraete，1993）。

作者们发现，毒死蜱有可能诱导肠道内的生态失调（乳杆菌和双歧杆菌计数减少），并导致肠道的代谢失衡。作者们推测，毒死蜱可能抑制乳酸菌的生长和代谢。此外，毒死蜱影响黏膜屏障的活性，并可能加重炎症过程。该模型还用于评估菊粉补充的效果。菊粉提高了短链脂肪酸的含量，并部分逆转了毒死蜱引起的微生态失调。体外肠道模型的细菌样本在培养基中生长，作者们承认，微生物群的分子分型可以提供关于毒死蜱和菊粉暴露更准确信息。Mendler 等（2020）设计了一项研究来评估毒死蜱是否影响黏膜相关恒定 T 细胞[①]（MAIT）的细胞激活或细胞抑制细菌。这项研究靶向选择的健康微生物群代表为非致病性微生物菌种（青春双歧杆菌、罗伊氏乳杆菌和大肠杆菌）。这项研究的结果表明，毒死蜱可能会改变所评估细菌的代谢，特别是核黄素和叶酸的生物合成。毒死蜱暴露后，大肠杆菌增强了黏膜相关恒定 T 细胞的细胞活性，而青春双歧杆菌和罗伊氏乳杆菌降低了黏膜相关恒定 T 细胞的细胞活性。它还导致黏膜相关恒定 T 细胞所产生的炎症细胞因子增加，从而可能引发炎症性疾病。

毒死蜱暴露可能对肠道微生物组产生作用，有三项研究调查了高脂饮食对这一作用的影响（Fang 等，2018；Li 等，2019；Liang 等，2019）。所有研究都是在雄性啮齿动物身上进行的。对 Wistar 大鼠的处理是，成年大鼠 0.3 毫克/（千克·天）持续 20 周，幼鼠持续 25 周（Li 等，2019），以及 0.3 和 3 毫克/（千克·天）持续 9 周（Fang 等，2018）。这两种剂量相当于毒死蜱半数致死剂量的约 1/500 和 1/50（Mansour 和 Mossa，2010；Wang 等，2009）。第三项研究在 C57BL/6 和 CD-1 雄性小鼠身上进行，剂量为 5 毫克/（千克·天），为期 12 周（Liang 等，2019）。这三种剂量分别是农药残留联席会议推荐的毒死蜱每日允许摄入量的 30、300 和 500 倍。Fang 等（2018）观察到肠道微生物群组成的饮食依赖性变化，而两种剂量再加上高脂饮食，变化的相关性更高。一般来说，机会性病原体、产生短链脂肪酸的细菌以及与神经毒性、肥胖和糖尿病表型相关细菌的丰度增加。在宿主中，剂量和饮食决定毒死蜱效果。低剂量和无脂饮食会导致更显著的代谢变化。作者们指出，脂肪摄入可能影响毒死蜱对糖脂代谢的影响，并促发 2 型糖尿病的发展。然而，毒死蜱可能对喂食高脂饮食的大鼠产生抗肥胖作用。Li 等（2019）得出结论，毒死蜱对微生物组的影响在高脂饮食和早期暴露（从断奶开始）中更为明显。微生物组的改变影响了短链脂肪酸生成菌、睾酮相关菌属、致病菌和与炎症过程相关的细

---

① 有证据表明，微生物衍生的核黄素和叶酸调节其活性（Mendler 等，2020）。在克罗恩病、多发性硬化、类风湿性关节炎和哮喘患者的炎症组织中已经发现了它们的存在（Carolan 等，2015；Chiba、Murayama 和 Miyake，2018；Lezmi 和 Leite-de-Moraes，2018；Serriari 等，2014）。

菌。这些细菌似乎参与了内分泌系统、免疫反应和肠道屏障的调控。大鼠在早期暴露于毒死蜱后观察到的内分泌和免疫反应紊乱似乎可以通过高脂饮食来恢复。

Liang 等（2019）报道，毒死蜱改变了肠道微生物群，影响了肠道完整性，并诱发低度炎症，而在喂食高脂饮食的动物中，这种情况会加剧。Liang 的团队通过用毒死蜱改变的微生物群重新定殖近乎无菌的小鼠（用过抗生素），证实了肠道微生物组参与了毒死蜱诱导的脂肪沉积和胰岛素抵抗。除了饮食，Liang 等（2019）在评估毒死蜱时还考虑了 C57BL/6 和 CD-1（ICR）小鼠的遗传背景。然而，其差异是有限的。

另一项调查遗传背景的研究发现，肠道微生物组组成和功能的变化取决于宿主的基因（表现出不同的 apoE 亚型，含 ε3 和 ε4 等位基因的 apoE-TR 小鼠，以及 C57BL/6 小鼠）和毒死蜱暴露（Guardia Escote 等，2020）。产后（PND 10 ～ 15）暴露于 1 毫克/（千克·天）的毒死蜱会影响宿主大脑的脂肪酸合成。这种变化可能对宿主的认知功能和行为产生影响。本研究中使用的剂量是推荐每日允许摄入量的 100 倍。

两项研究将性别作为变量来评估大鼠的毒死蜱暴露（Perez Fernandez 等，2020；Reygner 等，2016b）。研究人员发现，毒死蜱可以诱导刚断奶大鼠的肠道紊乱和性别特异性改变。Perez Fernandez 等（2020）将 Wistar 大鼠暴露于 1 毫克/（千克·天）的毒死蜱 6 天（PND 10 ～ 15）。虽然他们观察到肠道微生物群在属和种上发生变化的性别差异，但他们无法将明确的菌种与 γ- 氨基丁酸（GABA）[①]能系统联系起来，也无法与 γ- 氨基丁酸生产中观察的变化联系起来。此外，在之前的研究中与 γ- 氨基丁酸能系统相关的物种在这次研究中并没有改变。另一项研究通过高通量测序和基于核磁共振的代谢组学研究了雄性成年 KM 小鼠 30 天暴露于 1 毫克/（千克·天）的毒死蜱的影响（Zhao 等，2016）。他们发现肠道微生物组的变化与代谢谱的变化高度相关，作者们将其与宿主体内观察到的肠道炎症和肠道通透性异常联系起来。Joly Condette 等（2015）将怀孕至断奶期间的雌性 Wistar 大鼠暴露于 1 或 5 毫克/（千克·天）的毒死蜱，并评估其对出生后 21 天和 60 天雄性幼崽的影响。研究还使用培养和分子方法从肠道消化物（回肠、盲肠、结肠）和粪便样本中进行靶向微生物评估。作者们得出结论，雌鼠接触毒死蜱会影响幼崽的肠道发育，影响营养吸收、黏膜屏障，刺激免疫系统和造成微生物紊乱。虽然微生物变化因肠道位

---

① GABA（γ- 氨基丁酸）被定义为哺乳动物中枢神经系统中具有主要抑制功能的氨基酸。其结构参与释放或结合 γ- 氨基丁酸，并作为神经递质，构成 γ- 氨基丁酸能系统。γ- 氨基丁酸能系统参与调节警惕、焦虑、肌肉紧张、致痫活性和记忆功能（Rudolph，2008）。

置、小鼠年龄和剂量而异，但在出生后21天时，影响似乎更大。例如，主要在回肠中，好氧菌和厌氧菌计数增加，在所有受试肠段（回肠、盲肠、结肠）的样本中，梭菌属和葡萄球菌属均增加，而双歧杆菌属仅在回肠中减少。在两个年龄段的所有受试肠段中，乳杆菌属计数都有所下降，但实时荧光定量聚合酶链式反应结果显示影响有限。此外，出生后21天的细菌增殖和侵袭力比出生后60天更强。根据作者们的说法，这可能与幼鼠的免疫系统和黏膜屏障不太成熟有关。

另一项研究评估了益生元菊粉可能减轻Wistar大鼠、雌鼠和幼鼠围产期毒死蜱暴露［1或3.5毫克/（千克·天）］的影响（Reygner等，2016b）。低毒死蜱剂量对受试的微生物参数影响更大。例如，它降低了厚壁菌门的丰度和厚壁菌门/拟杆菌门的比值。相反，高剂量对代谢（葡萄糖和脂质代谢）参数和体重有更为实质性的影响。据观察，菊粉补充可以部分逆转使用毒死蜱产生的影响，包括降低厚壁菌门/拟杆菌门的比值［与肥胖等失调症相关（Tremaroli和Backhed，2012）］。此外，菊粉还增加了短链脂肪酸在肠道中的浓度。它是肠道细胞的能量底物，也是上皮完整性的贡献者（Guilloteau等，2010；Morrison和Preston，2016）。

溴氰菊酯

溴氰菊酯（DLM）是一种合成的拟除虫菊酯类杀虫剂，广泛应用于农业和家庭害虫防治。它的作用是破坏昆虫神经系统的功能。1980—2016年，农药残留联席会议对该化合物进行了多次评估（FAO，2021）。

只有一项研究分析了溴氰菊酯对肠道微生物组的影响（附表2-5）（Defois等，2018）。作者们设计了一项体外研究，在连续式生物反应器中注入来自单人供体的粪便。他们将微生物群暴露在剂量为21微克/毫升的溴氰菊酯下24小时，高于预计的日消耗量。然后，将发酵罐的上清液转移到肠上皮Caco-2/TC7细胞培养基中，并培养4小时以评估潜在的细胞炎症反应。

转录组分析和微生物挥发性组学[①]分析被用来研究微生物组的功能（本研究未评估微生物群的组成）。在溴氰菊酯暴露后，作者们发现微生物挥发物富集，尤其是含硫化合物的富集。他们还观察到与代谢途径改变相关的功能性紊乱。正如细胞因子IL-8释放增加所证明，溴氰菊酯在TC7细胞中诱发炎症反应。作者们指出，人体的生物转化酶也需要考虑到肠道微生物进程，这就会产生或多或少的有毒化合物和/或微生物促炎分子。根据污染物以及暴露的强

---

① "挥发物组学专注于挥发性代谢物的研究，降低了分析的复杂性。该方法已被证明是一种很有前途的组学方法，可以诊断因病理或外源性暴露诱发的生理应激引起的代谢变化"（Defois等）。

度和频率，肠道微生物群要么可以保护宿主细胞，要么能增强毒性和炎症反应（Defois等，2018）。

二嗪磷

二嗪磷（DZN）是一种高效的有机磷杀虫剂，用于农业和兽医。其活性生物代谢物，称为二嗪磷氧同系物，能抑制胆碱酯酶的活性。食物中的残留物更常见于可食用的作物中。动物产品（如肉类、内脏）中的残留物通常是因作为兽药使用而非作为农药留下的。自1963年以来，农药残留联席会议对该化合物进行了多次评估，最近一次是在2016年（FAO，2021）。

Gao对二嗪磷进行了两项研究（Gao等，2017a；Gao等，2017b）（附表2-6）。这两项研究都是在C57BL/6小鼠中进行的，将其暴露于剂量为0.6毫克/（千克·天）的二嗪磷，持续13周。这一剂量比建议的每日允许摄入量 [0.005毫克/（千克·天）] 高120倍。Gao等（2017b）通过使用基于16S rRNA基因测序、宏基因组学测序和代谢组学分析的组学方法，重点评估了二嗪磷对两性小鼠的微生物群组成及其代谢功能的影响。在雄性小鼠中观察到的微生物群结构、功能宏基因组和代谢谱方面的变化要比在雌性小鼠中观察到的更为显著。例如，暴露于二嗪磷后，仅在雄性发现中，拟杆菌门增加，厚壁菌门减少。致病菌的增多也仅在雄性中观察到，像伯克氏菌目，该目包含与人体失调，如克罗恩病有关的菌种（Sim等，2010）。此外，参与神经递质和信号分子合成的基因，已被证明与神经毒性有关（Bjørling-Poulsen等，2008），在雄性中也发生了特殊变化。在雄性和雌性中都观察到毛螺菌科的丰度下降。而它又与产短链脂肪酸群有关。作者们还称二嗪磷诱发的肠道紊乱与神经毒性之间可能存在联系。然而，他们无法确定肠道微生物组紊乱在二嗪磷神经毒性的性别（雄性）特异性中的因果关系。Gao等（2017a）研究了二嗪磷对肠道转录组的影响。他们表示，二嗪磷能调节群体感应系统。

该系统调节细菌种群内的细胞间通信及其行为。具体而言，二嗪磷激活了与细菌运动和细胞壁成分相关的通路，导致宿主的细菌致病性和全身性炎症。此外，转录组学分析还显示了二嗪磷在激活应激反应通路和损害肠道细菌能量代谢中的作用。

硫丹

硫丹（ENS）是一种有机氯农药，作为杀虫剂、除螨剂被广泛用于农业。从1965年到2010年，农药残留联席会议多次对该化合物进行了评估（FAO，2021）。农药残留联席会议于1998年确定了该农药的每日允许摄入量（0 ～ 0.006毫克/千克）和急性参考剂量（0.02毫克/千克）。2003年至2011年，国际食品法典委员会还确定了几种商品的硫丹农药最大残留限量（0.01 ～ 10.00 毫克/千克）（食品法典，2020）。值得注意的是，2011年，硫丹因其广泛使用和作为持久性有机污染物而被列入《斯德哥尔摩公约》附件A清单。《斯德哥尔摩公约》清单是一项旨在保护人类健康和环境免受持久性有机污染物污染的国际环境条约。附件A禁止使用或生产该清单中的化学品，但有特定豁免（斯德哥尔摩公约，2020）。

Zhang 及其同事（2017）评估了硫丹暴露 [0.5、3.5毫克/（千克·天）] 对雄性ICR小鼠两周内引起的潜在代谢紊乱和亚急性毒性作用（附表2-7）。剂量取决于大鼠急性神经行为毒性的未观察到有害作用剂量水平（0.7毫克/千克）（Silva 和 Beauvais，2010）以及之前在小鼠（5毫克/千克）体内的肝毒性和生殖毒性研究（Guo 等，2016；Uboh 等，2011）。硫丹的实验剂量分别是推荐每日允许摄入量的83倍和583倍。这项研究没有评估肠道微生物群的组成。代谢组学分析发现与肠道微生物代谢活性相关的特定代谢物，即马尿酸盐在两试验组均减少。从胆碱、二甲胺和氧化三甲胺含量的增加可以看出，胆碱代谢似乎也受到了影响。根据作者们的说法，这些观察到的结果表明肠道微生物组发生了变化。然而，却无法证实这些发现与硫丹暴露后宿主的变化（即肝损伤，氨基酸、脂质和能量代谢的破坏）有何关联。

氟环唑

氟环唑（EPX）是一种唑类广谱杀真菌剂，通过阻止新真菌孢子的产生和中断真菌细胞膜的合成来保护农业作物。农药残留联席会议尚未对该农药进行评估，因此，该化合物没有国际推荐的健康指导值（每日允许摄入量、急性参考剂量）或农药最大残留限量。

一项研究调查了氟环唑 [4、100毫克/（千克·天）] 持续90天（约13周）对雌性Sprague-Dawley大鼠的影响（Xu 等，2014）（附表2-8）。其中，低剂量低于未观察到有害作用剂量水平 [5毫克/（千克·天）]，高剂量高于观察到有害作用最低剂量水平 [15毫克/（千克·天）]（美国环境保护署，2006）。据报告，暴露于两种剂量后，肠道微生物组都受到明显破坏，但高剂量破坏更为显著。拟杆菌门和变形菌门增加，厚壁菌门减少。这都是微生物群紊乱的迹象。而受影响最深的科是肠杆菌科和毛螺菌科，两者都有所增加。后者参与碳水化合物发酵成短链脂肪酸（如丁酸盐）的过程，与维持肠道屏障完整性、调节胃肠道和免疫反应有关（Cotta 和 Forster，2006；Meijer 等，2010）。生化变化仅限于葡萄糖含量升高和血清总胆红素含量降低，显微镜下无肝脏异常。由于氟环唑的作用首先在微生物组中观察到，因此作者们提出将其作为监测宿主健康风险的早期指标。

草甘膦

草甘膦（GLY）是一种非选择性除草剂。自20世纪70年代以来，含有草甘膦作为活性成分的药物数显著增加，并广泛与抗草甘膦转基因植物结合使用。如今，草甘膦是世界上使用最多的除草剂之一。草甘膦的作用方式明显不同于其他有机磷，其作用方式是它所特有的。它能抑制5-烯醇丙酮酸莽草酸-3-磷酸合酶（EPSPS）①这种在植物和一些菌种中发现的特殊酶（Zhi等，2014），但动物中没有该酶。

1986年以来，农药残留联席会议对该化合物进行了多次评估（FAO，2021）。2004年，由于国际癌症研究机构（IARC）和许多调查研究引发的公共卫生隐忧，农药残留联席会议对该化合物进行了重新评估。在2004年重新评估之后，与癌症有关的健康担忧仍在继续。因此，农药残留联席会议在2016年又重新评估了草甘膦，特别关注其基因毒性、致癌性、生殖毒性和发育毒性。农药残留联席会议还审议了与癌症有关的流行病学研究。评估期间，也对已发表的科学文献进行了审阅，以评估草甘膦的生物累积性或对人体肠道微生物组的影响。委员会没有发现任何对哺乳动物肠道微生物组（如小鼠、大鼠、兔子、人类）产生不良反应的具体研究，同时得出结论，几项研究（如药代动力学、毒代动力学和生物利用度研究）表明口服后，实验对象会对草甘膦吸收不良。

几项研究调查了草甘膦单独或作为商业制剂（如农达®和Glyfonova®）的一部分对肠道微生物组和宿主的影响（附表2-9）。研究方法包括体外法和体内法。只有一项研究用体外法调查了草甘膦对选定培养的产核黄素和产叶酸菌种、青春双歧杆菌、罗伊氏乳杆菌和大肠杆菌的影响（Mendler等，2020）。他们还评估了这些菌种激活黏膜相关恒定T细胞的潜力。作者们发现，暴露于剂量低于毒死蜱（也在这里进行了研究）的草甘膦，有可能改变细菌代谢，并有利于宿主的促炎免疫反应。

以下科学出版物描述了在体内进行的研究，大多数是使用Sprague-Dawley大鼠进行的（Dechartres等，2019；Lozano等，2018；Mao等，2018；Nielsen等，2018；Tang等，2020b）。只有一项研究使用了Swiss小鼠（Aitbali等，2018）。这些研究的目的（草甘膦对微生物组、宿主肠道、宿主早期发育和行为的影响）和设计（剂量、暴露时间）各不相同。实验剂量也多种多样，主要基于现有参考剂量，从每日允许摄入量到未观察到有害作用剂量水平。除

---

①　5-烯醇丙酮酸莽草酸-3-磷酸合酶是莽草酸通路的关键酶，负责植物中芳香族氨基酸的生物合成（Boocock和Coggins，1983）。

了一次剂量比草甘膦的每日允许摄入量低25×10^{-7}倍（1毫克/千克）外，其余剂量都比每日允许摄入量高$1.8 \sim 5.0$倍（低值）至$50 \sim 500$倍（高值）。暴露时间从两周到两年不等。

Nielsen等（2018）发现草甘膦（纯制剂和商业制剂Glyfonova®）对肠道微生物群组成的影响有限。此外，他们没有观察到Sprague-Dawley大鼠在暴露于2.5或25毫克/（千克·天）两周后器官的生理变化。其中，使用剂量分别是欧盟每日允许摄入量0.5毫克/千克的5倍和50倍（欧洲食品安全局，2015）。作者们指出，饮食中芳香族氨基酸的存在可能阻止草甘膦的抗菌作用。因此，他们认为营养不良可能是草甘膦毒性的一个危险因素。

在一项为期13周的试点研究中，Mao等（2018）用低于Nielsen研究的剂量 [1.75毫克/（千克·天），纯草甘膦和商业产品农达®中的草甘膦] 评估其对Sprague-Dawley大鼠从妊娠到出生后125天的肠道微生物组和早期发育的影响。试验物取自饮用水，据作者们所说，所用剂量与研究时的美国慢性参考剂量（cRfD）相当，即1.75毫克/（千克·天）[①]。出生后31天（相当于人类前青春期）观察到的一些变化在出生后57天变得并不明显。在暴露于纯草甘膦和商业制剂中后，可见微生物群组成的一些变化（如普雷沃氏菌增加，乳杆菌减少），一些是试验方式不同决定的（如草甘膦实验中真杆菌属增加，链球菌减少；农达®实验中副拟杆菌增加）。性别差异仅在出生后125天才变得明显。对成年雌鼠微生物群的影响并不显著。在雌鼠或幼崽身上都没有观察到异常行为。

Sprague-Dawley大鼠和雄性Swiss小鼠分别暴露于5毫克/（千克·天）（Dechartres等，2019）和250及500毫克/（千克·天）（Aitbali等，2018）的草甘膦（纯的和商业制剂）后，其微生物群组成和行为发生了改变。Dechartres使用的剂量是母体发育毒性相关未观察到有害作用剂量水平 [50毫克/（千克·天）] 的1/10（欧洲食品安全局，2015），Aitbali根据亚慢性毒性未观察到有害作用剂量水平 [500毫克/（千克·天）] 选用实验剂量（美国环境保护署，1993）。Dechartres的小组无法解释草甘膦和农达®是否是观察到的中枢神经系统和大鼠行为改变的直接原因（Dechartres等，2019）。然而，他们证实，纯的和制剂中的草甘膦可能会导致不同的结果（包括肠道微生物群组成）。这可能是由于商业产品中存在助剂。在门含量上，只有农达®影响拟杆菌门（使其增加）和厚壁菌门（使其减少）。Aitbali等（2018）仅评估了农达®。它会导致肠道微生物群的丰度和多样性发生变化。尤为相关的是棒状杆菌、厚壁菌门、

---

① 在重新进行草甘膦风险评估后，慢性参考剂量是1毫克/（千克·天）https://downloads.regulations.gov/EPA-HQ-OPP-2009-0361-0068/content.pdf（2021.12.30引用）。

拟杆菌门和乳杆菌的减少。作者们认为，除草剂暴露后引起的肠道紊乱可能会增加神经行为改变的发生率，就比如本研究中发生的神经行为的改变（焦虑和抑郁行为）。然而，他们没能提供可以解释微生物组在这一过程中发挥潜在作用的机制及相关证据。

　　另一项研究评估了纯草甘膦对雄性Sprague-Dawley大鼠小肠和肠道微生物群组成的影响（Tang等，2020b）。动物暴露于5、50或500毫克/（千克·天）的草甘膦，持续5周。实验剂量的参考值为未观察到有害作用剂量水平1 000毫克/（千克·天）（Williams等，2000），约为大鼠半数致死量[①]（LD_{50}）（5 600毫克/千克）的1/1 000、1/100和1/10（Benedetti等，2004）。尽管厚壁菌门与拟杆菌门的比例没有显著改变，但微生物群的多样性和组成发生了变化，厚壁菌科（尤其是乳杆菌属）的丰度下降，潜在致病性种群增加，特别是在最高剂量的草甘膦下。这种剂量的除草剂还导致小肠十二指肠和空肠部分的组织学改变。它还改变了与炎症反应相关的氧化应激、离子浓度和基因上调的指标。作者们推测，微生物群的改变可能导致宿主身上发生变化。然而，还需要进一步的研究来证明其中的因果关系和内含机制。

　　Lozano等（2018）将雄性和雌性Sprague-Dawley大鼠暴露于农达®（10亿分之0.1、百万分之400和百万分之5 000的饮用水中，草甘膦含量估算为50纳克/升、0.1克/升和2.25克/升）两年多。该研究专门评估了除草剂对肠道微生物群的影响。暴露673天后对样本进行评估，作者们发现受试的雌性组肠道微生物群产生了性别特异性变化。作者们发现了肠道微生物群的变化，例如拟杆菌门丰度的增加和乳杆菌科丰度的减少。此外，他们还研究了培养的菌种对除草剂的耐受性。大肠杆菌对农达®的耐受性经5-烯醇丙酮酸莽草酸-3-磷酸合酶基因的缺失得到证实。作者们推测，他们研究中观测的肠道紊乱可能与其他研究中看到的肝功能障碍有关联。这将在稍后进一步讨论。为了评估结果和结论，本研究中有几个因素需要考虑：①每个试验组的个体数量较少（$n=3$），对处于生命周期后期的大鼠研究时长为两年；②没有中点监测，仅在暴露673天后的样本中进行监测；③不评估宿主。所有这些因素使得很难以科学合理的方式评估结果。

　　尽管不在本研究的范围内，但应该说明的是，2010年孟山都技术有限责任公司把草甘膦作为一种抗菌药物申请了专利。专利只表明其拥有知识产权，不能确保该化合物是否高效、有效或安全。当一种新的化合物上市后，公司要想注册该化合物，必须提交数据以支持其使用价值、作用方式、安全措施

---

　　① 预计会导致50%试验动物死亡的单次口服剂量。LD_{50}值通常以每千克动物体重的化合物毫克数表示（Morris Schaffer和McCoy，2021）。

和关注点、风险等。Shehata等（2013）在一项体外研究中证明，草甘膦可以起到抗菌作用，导致家禽肠道紊乱，减少有益细菌的丰度，并导致缺乏5-烯醇丙酮酸莽草酸-3-磷酸合酶基因（抗草甘膦）的致病菌种过度生长。然而，这种说法存有争议，因为草甘膦单独使用不是很有效，而且它需要其他助剂才能有抗菌和抗寄生虫活性效用（Lozano等，2018）。此外，与农药残留联席会议对农药残留的评估类似，FAO和WHO食品添加剂联合专家委员会会评估兽药残留和其他化合物（如食品添加剂、污染物）的安全性。草甘膦尚未被FAO和WHO下的食品添加剂联合专家委员会或任何其他监管机构批准为抗菌药物。

抑霉唑

抑霉唑（IMZ）是一种广谱杀真菌剂，广泛用于保护和治疗植物和动物免受真菌疾病的侵害（Jin等，2016）。1977年至2018年，农药残留联席会议对该化合物进行了多次评估（FAO，2021）。

Jin团队的两项研究探查了抑霉唑对肠道微生物组以及肠道完整性和功能的影响（附表2-10）。早期研究将雄性ICR小鼠暴露于高剂量抑霉唑 [25、50和100毫克/（千克·天）] 四周，导致肠道紊乱（Jin等，2016）。其特征是盲肠和粪便微生物群的丰度和多样性降低。致病菌，即变形菌和脱硫弧菌增加。它们还是硫酸盐还原菌，可以改变肠道屏障功能（Pitcher和Cummings，1996；Roediger等，1997）。有益细菌，即乳杆菌和双歧杆菌也有所减少。它们参与了调节胃肠免疫力和炎症过程（Cani等，2007；Sanz等，2007）。剂量决定效果，尤其在大剂量时更为显著。暴露于100毫克/千克的抑霉唑降低了厚壁菌门/拟杆菌门的比值，这可能直接或间接引发或加重结肠炎。作者们意识到有必要考虑接触环境中农药浓度产生的健康风险（Jin等，2018a）。因此，后续研究设计考虑了WHO规定的抑霉唑在柑橘类水果（5毫克/千克）和香蕉（2毫克/千克）中最大允许残留量。基于这些信息，作者将C57BL/6雄性小鼠暴露于较低剂量的抑霉唑（0.1、0.5、2.5毫克/千克）2周、5周和15周。结果显示，抑霉唑暴露引发肠道紊乱（在2.5毫克/千克抑霉唑剂量下持续15周会更显著）。拟议机制表明，抑霉唑还减少了黏液分泌并改变肠道离子移位，从而最终影响了小鼠肠道结构及功能的完整性。值得注意的是，作者们发现，在研究结束45天后，在不接触抑霉唑的情况下，肠道菌群组成得到部分修复。然而，结肠中的一些不良反应没有得到恢复。这些研究中使用的剂量是农药残留联席会议推荐的每日允许摄入量 [0.03毫克/（千克·天）] 的833、1 667、3 333倍（Jin等，2016）和31 783倍（Jin等，2018a）。

的干扰作用与特定的代谢物有关。此外，非特异性磷酸二乙酯不应用作评估母本有机磷农药对内分泌系统影响的生物标志物。

Liu等（2017）研究了有机氯农药二氯二苯基三氯乙烷（DDT，附表中简写为滴滴涕）和六氯环己烷（HCH）的主要分解产物：p,p′-二氯二苯基二氯乙烯（p,p′-滴滴伊）和β-六氯环己烷（β-六六六）对小鼠肠道微生物组的影响。众所周知，二氯二苯基三氯乙烷和六氯环己烷是持久性化学物，会在人体内蓄积，威胁宿主的健康。实际上，这两种农药在20世纪70和80年代就已被禁用。然而，环境中仍然能广泛检测到这些农药的残留物和副产物。其实，滴滴涕早已被列入《鹿特丹公约》附件Ⅲ。自1966年以来，农药残留联席会议已多次对其进行评估，最近一次是在2000年（FAO，2021）。Liu等（2017）对雄性C57BL/6小鼠进行了为期8周的暴露研究，剂量为1毫克/（千克·天）（p,p′-滴滴伊）或10毫克/（千克·天）（β-六六六），结果导致肠道紊乱，影响到所有细菌分类水平。胆汁酸代谢也发生了改变，而肠道微生物群可能是诱导因素。肠道微生物群通过偶联和双羟基化反应将肠道初级胆汁酸转化为次级胆汁酸，从而紧密参与胆汁酸的代谢。乳酸杆菌是具有胆盐水解酶活性的主要肠道菌种之一，长期暴露于p,p′-滴滴伊和β-六六六后，它的丰度增加。作者们认为，肠道微生物组异常是影响肝脏代谢和肠道胆汁酸谱的因素之一，有可能导致代谢紊乱。

Zhan等（2019）使用p,p′-滴滴伊［2毫克/（千克·天），持续8周］诱导雄性C57BL/6J小鼠引发肥胖症。该模型显示出拟杆菌属丰度降低、体重增加、血脂异常和胰岛素抵抗的现象。该肥胖模型被用来评估在暴露于p,p′-滴滴伊期间和之后，补充果胶是否能恢复这种失调。研究结果使作者们认为果胶可以通过调节肠道微生物组来逆转p,p′-滴滴伊诱发的代谢改变和肥胖症。果胶还能减少p,p′-滴滴伊的蓄积。

混配农药及多残留暴露

人类通过食物会接触到多种化学品（人造或自然产生的），其中包括各种物质的混合物（如食品添加剂、兽药残留）和混配农药。农药残留联席会议能通过聚集性暴露、累积性暴露和复合暴露对单一化合物进行评估，但并未涉及对混配农药的评估。

一项研究调查了法国常在苹果园喷洒的六种农药混合物的效用（Lukowicz等，2018）。雄性和雌性C57BL/6J野生型（WT）和组成型雄甾烷受体（CAR）[①]缺陷小鼠（C57BL/6J背景）分别按啶酰菌胺、克菌丹、毒死蜱、硫菌灵、噻

---

① CAR：参与异生物质和能量稳态的基因表达调节器（Evans和Mangelsdorf，2014）。

虫啉和福美锌的每日允许摄入量（欧洲委员会，2020）0.04、0.1、0.01、0.08、0.01、0.006毫克/（千克·天），暴露52周（附表2-18）。这项研究没有评估微生物群的组成，但尿液代谢组分析显示，与对照组相比，野生型雌鼠体内与微生物有关的代谢物（即吲哚衍生物——硫酸吲哚氧基、苯基衍生物——苯乙酰甘氨酸和对甲酚葡萄糖苷酸）有所增加。因为这些代谢物是在农药暴露48周后检测到的，在观察到的代谢改变之后，所以作者们认为肠道微生物群的变化可能是宿主紊乱的结果，而非原因。雌雄小鼠的致胖和致糖尿病效应不同。作者们认为小鼠暴露于无毒剂量的特定农药混合物（基于人类的每日耐受摄入量）会诱发与糖尿病情况一致的代谢紊乱。不过，作者们也指出，应进一步评估肠道微生物群潜在的致糖尿病作用。

另有三项研究分析了农药与非农药化合物混合，短期内（小于7天）对肠道微生物组的影响。Zhan等（2018）评估了抗生素（氨苄西林单独使用或与新霉素、庆大霉素、甲硝唑和万古霉素混合使用）和肠道微生物组对雄性Sprague-Dawley大鼠体内三嗪类除草剂［西玛津、莠去津、莠灭净、特丁津和嗪草酮各2和20毫克/（千克·天）］生物利用率的影响。正如所料，抗生素暴露会减少细菌计数，尤其影响瘤胃球菌科、毛螺菌科和厌氧棍状菌属。试验增加了三嗪类除草剂的生物利用率。微生物群转移到微生物群缺乏的模型中，从而证实了微生物组能影响三嗪类除草剂的生物利用率。作者们认为，微生物群的改变可能会引起肠道吸收和肝脏代谢的变化，从而导致农药生物利用率的增加。

Seth等（2018）和Alhasson等（2017）用氯菊酯（200毫克/千克）和溴吡斯的明（2毫克/千克）混合农药对野生型雄性C57BL/6J和TLR4基因敲除小鼠（患海湾战争综合征的小鼠模型）进行实验[①]。这都是一些导致海湾战争综合征的化合物。作者们推测微生物组的变化可能与这种紊乱有关，并将微生物的短链脂肪酸中的丁酸盐作为治疗海湾战争综合征的有益化合物（通过减轻小肠中的促炎环境）。在七天内三次暴露后，两项研究都导致了小鼠的肠道紊乱。在Seth的研究（2018）中，产丁酸的乳酸杆菌和双歧杆菌都减少了，小鼠出现了全身性炎症。除了肠道炎症外，Alhasson等（2017）还报告了小鼠的神经炎症。这也是海湾战争综合征患者常见的健康影响。作者们指出，这些变化可能是由微生物组改变（与大量的粪球菌属和苏黎世杆菌属相关）诱发的肠瘘和内毒素血症引起的。由于小鼠同时暴露于氯菊酯和溴吡斯的明，这两种农药对观察到的肠道紊乱和对宿主的负面健康效应的单独作用尚不清楚。

---

① 一种可逆性胆碱酯酶（ChE）抑制剂（氨基甲酸酯化合物）。是一种在海湾战争期间用作预处理的药物，以保护部队士兵免受神经毒剂的有害影响（Fulco等，2000）。

第4章

讨　　论

　　成千上万的农药制剂，使用了许多农药活性成分。农药残留联席会议对大约407种农药活性成分进行了毒理学和残留风险评估（FAO，2021），食品法典规定了约230种农药最大残留限量（食品法典，2020）。考虑到全球农药种类繁多，只有一小部分被纳入了微生物组研究，其中一些属于主要农药类别，如氨基甲酸酯类、有机氯类和有机磷类。此外，大多数研究都选择了"存在争议的农药"，如草甘膦和毒死蜱。

　　本书收集了近期发表的涉及以体内和体外模型研究肠道微生物组农药暴露的科学出版物。也许，第一个发现就是微生物组（microbiome）和微生物群（microbiota）这两个术语可以互换使用。尽管对这两个术语尚无一致性定义，但为了本书，阐明它们的区别是很有帮助的。微生物群通常指生物的分类多样性。微生物组是一个更复杂的概念，涉及微生物群的整体基因组成和功能。就肠道微生物组而言，它还与消化道的微生物群落有关。最近一个提法将微生物组定义为"一个合理且边界清晰的活动场所中具有独特理化性质的特征微生物群落"（Berg等，2020）。

　　调查农药暴露对微生物组和宿主影响的报告中有两个总领目标。其中一个目标领域侧重于评估肠道微生物群的组成（丰度和分类多样性）。另一个调查目标更具实用性，包括功能性微生物基因组学、代谢活动、微生物内部和微生物之间的信号传递和行为，以及宿主的新陈代谢、生理功能和组织病理学观察。就微生物群结构与功能而言，据报道，个体间的功能性微生物基因组多样性比微生物群组成更为相似（Lozupone等，2012）。换言之，微生物群不同，但微生物组却相似。这一点很重要，因为重点关注微生物群结构的研究，可能无法准确描述微生物组在农药暴露诱发的宿主变化或非传染性疾病（NCD）发展中所起的作用。

　　此报告中的研究并非具有相同的目的、相同的实验设计或评估相同的端点。例如，受试的农药、单剂或混合物、纯的或商业制剂的一部分、剂量、暴露时间和模型类型（体内和体外）各不相同。这些差异和缺乏标准给潜在的比较和相关共同点的确定带来了挑战。绝大多数研究评估了农药对微生物群组成的影响（附录2）。这些研究尤其描述了农药暴露后特定分类群多样性和丰度的变化。一些研究通过评估基因或基因表达以及微生物代谢物（如短链脂肪酸、次生胆汁酸）的产生，增加了对微生物组功能成分的研究。例如，多菌灵（Jin等，2018b）、毒死蜱（Requile等，2018；Reygner等，2016a；Reygner等，2016b）和氯菊酯（Nasuti等，2016）已被证明会改变微生物短链脂肪酸的产生。宿主评估主要集中在肠肝功能和相关代谢活动（即通常与肥胖和糖尿病有关的脂质和葡萄糖代谢）以及肠道或全身性免疫反应。少部分研究对大脑、神经行为和内分泌系统也进行了评估。农药对微生物组的影响与对宿主的影响同时评估，或与宿主关联起来进行评估。许多作者都认为微生物组是农药导致宿主变化的潜在诱因。然而，只有少数项目对两者间的因果关系进行了研究，或试图找出它们之间所涉及的机制。有些研究旨在阐明微生物组导致代谢变化和毒死蜱诱发肥胖症的机制（Liang等，2019）。而且，机制上已证实，微生物组与由溴吡斯的明和氯菊酯诱发的神经行为变化有关。另外，微生物组参与三嗪类除草剂生物利用率的机制也已确立（Zhan等，2018）。研究还揭示了二嗪磷和马拉硫磷暴露如何通过改变群体感应系统来影响肠道微生物组的致病行为（Gao等，2017a；Gao等，2018）。其他研究旨在弄清膳食干预（如膳食中补充果胶和菊粉益生元）是否能有效逆转p,p'-滴滴伊和毒死蜱造成的影响（如代谢变化和肠道紊乱）（Requile等，2018；Reygner等，2016b；Zhan等，2019）。

然而，需要重点指出的是，所有研究只考虑到细菌种群，但微生物组还包括其他微生物，如病毒和真菌。这些亚群如何受到农药暴露的影响，或者它们对微生物组与宿主的相互作用有多大贡献，这些问题在已有研究中完全没有涉及。前期研究表明，真菌群受饮食调节，并与几种人类疾病有关（Mims等，2021；Nagpal等，2020）。微生物组的病毒成分或肠道病毒组（内源性逆转录病毒、真核病毒和噬菌体）尚未得到充分研究。最新研究确定了约14.2万个独特的肠道噬菌体基因组（Camarillo-Guerrero等，2021）。大约36%的噬菌体病毒簇可以感染多种细菌。这是病毒组与微生物组研究相关的一个方面，因为它们促进了组成肠道微生物组的系统发育各异的微生物物种之间的基因流动。人体肠道病毒组也与疾病有关（Mukhopadhya等，2019；Santiago-Rodriguez和Hollister，2019）。

剂量和暴露

尽管人们采取了最好的农业和食品加工方法，也努力降低农药对环境的污染，但目前想要完全避免低剂量农药暴露，还是困难重重。此外，持久性有机污染物在环境中不断蓄积，仍是个问题。越来越多的数据表明，人类常常通过食物暴露于低剂量农药。例如，2018年间，欧盟成员国检测得知，约40%食品中的农药残留量低于规定的最大残留限量（欧洲食品安全局，2020）。欧洲食品安全局报告称，2013—2015年收集的样本显示，42.8%的常规食品中检测到的农药残留量低于最大残留限量，而在有机食品中该比例为6.3%（欧洲食品安全局，2018）。在美国，作为美国农业部主持的农药数据计划的一部分，在2019年分析的农业样本中，56.2%的样本检测到的农药残留量低于规定的最大残留限量（美国农业部，2020）。同样，美国食品药品监督管理局报告称，2018年在49.6%受测的人类和动物食品样本中检测到的农药残留低于耐受水平（或最大残留限量）（美国食品药品监督管理局，2020）。

考虑到作物和食品中农药残留量较低，肠道微生物组和宿主的研究应包括与实际暴露情况相当的剂量和暴露时间，即长期暴露于低浓度农药。本书所涉研究中，使用的剂量范围和暴露时间范围差异较大（附录2）。将大多数实验性农药剂量与对应的每日允许摄入量进行标准化后，剂量比每日允许摄入量高0.4至3 333倍，只有一种草甘膦的剂量比每日允许摄入量低25×10^{-7}倍，多菌灵的最高浓度比每日允许摄入量高16 667倍（图4-1）。68%的研究（34项中的23项）使用的剂量低于每日允许摄入量的100倍。5项研究按照农药对应的每日允许摄入量对其进行了评估，即草甘膦（Lozano等，2018；Mao等，2018）、霜霉威（Wu等，2018a；Wu等，2018b），以及含有毒死蜱、噻虫啉、啶酰菌胺、硫菌灵和克菌丹的混合物（Lukowicz等，2018）。

未观察到有害作用剂量水平和最大残留限量是确定实验剂量的主要参考值。不过，也有一些作者把半数致死量作为其剂量的最高参考值，把每日允许摄入量和饮用水当量水平作为其剂量的最低参考值。就肠道微生物组而言，还需考虑参考剂量与口腔暴露的关系。例如，Tu等（2019）使用职业有关浓度（草皮作业者），评估了2,4-滴对肠道微生物组的影响。就研究肠道微生物组来论，根据其他暴露途径（皮肤和肺部）的浓度来确定口服剂量的选择，可能不是最好的做法。

大多数研究（26项或61%）评估了单一剂量，而23%的研究使用了两种实验剂量，约18%使用了三种不同的农药浓度。在评估多剂量的研究中，有7项研究使用的浓度倍数差在10到100之间，只有一项关于农达®的研究评估了更大的范围（10^{10}倍数）（Lozano等，2018）。

暴露时间也是变化的，从24小时的体外模型到两年的体内研究不等。然而，大多数暴露研究是在2～4周或8～20周进行的。低剂量农药暴露的时长取决于研究目的和目标年龄。短时间暴露于低剂量的受试物质无法代表真实

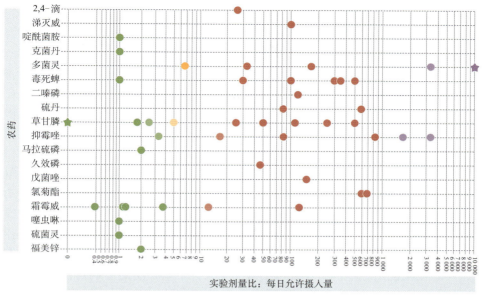

注：星号图标是高于或低于图表中使用的**X**轴限值的截断值

图4-1　不同研究中使用的实验性农药剂量与其对应的每日允许摄入量

资料来源：作者自述。

情况，即长期暴露于低水平的农药残留。然而，短时间的暴露可用于确定农药的急性参考剂量。短时间暴露后无变化或只存在有限的变化可能会引起一个问题：暴露期是否太短，以至于看不到潜在的影响，或者是否农药在实验剂量下确实没有影响。一项研究证明了这一点，作者们发现，在暴露于相对低浓度的草甘膦［2.5毫克/（千克·天），草甘膦每日允许摄入量的2.5倍］两周后，仅看到对大鼠肠道微生物组的有限影响（Nielsen等，2018）。

模型

由于肠道微生物组-宿主的关系很复杂，并且以共生的方式起作用，因此利用活生物体能提供仅靠体外系统无法获得的信息。然而，科学界正面临着要用更人道的方法取代动物体内研究的压力。

当使用动物模型来研究人类肠道微生物组及其与宿主的相互作用时，至关重要的一点是它们必须具有生理和临床相关性，并符合研究目的。选择最合适的模型取决于研究的目标。选择标准包括疾病的遗传背景、基线微生物群或表型表达（Kamareddine等，2020）。犬、猪和人的肠道微生物组具有相似的优势门（即厚壁菌门和拟杆菌门），但在属水平上存在显著差异（Hoffmann等，

2015；Xiao等，2016）。尽管非人灵长类动物在基因上更接近人类，但它们的肠道微生物组与人类的差异较大，因此不太适合研究（Amato等，2015）。与小鼠相比，大鼠的基线微生物群与人类更相似（Flemer等，2017；Wos-Oxley等，2012）。小鼠的肠道微生物组的优势门与人类相似，但在与健康相关的属上却与人类不同，因为小鼠上缺失这些属（Nguyen等，2015）。然而，小鼠在遗传上是可操纵的（例如模拟人类的疾病状况），并且比大鼠具有更多的遗传变异，这使它们成为更万能的模型用以研究，例如，影响微生物群组成的机制（Turner，2018）。

本书包括主要在啮齿类动物（小鼠和大鼠）体内进行的研究，几乎仅限于Wistar大鼠、Sprague-Dawley大鼠和C57BL/6小鼠。这些是最常见的啮齿动物品种，它们通常用于生物医学研究（Johnson，2012）和饮食诱导的代谢综合征模型（Wong等，2016）。Wistar和Sprague-Dawley大鼠的遗传背景都是评估饮食对应激和肠-脑轴功能障碍影响的研究对象（Bassett等，2019）。Tu等（2019）证明使用他们的C57BL/6小鼠模型来评估2,4-滴的影响是合理的，因为它曾被用于评估微生物组-外源化合物相互作用的研究中。Jin等（2018b）的多菌灵研究选择C57BL/6小鼠的依据是其代谢背景和增肥特征。本书所包含的研究中也有使用其他遗传背景的小鼠，如ICR、CD-1、Swiss、KM和BALB/c，但使用程度要低得多。Liang等（2019）在毒死蜱研究中使用了两种不同的小鼠品系：一种是近交系C57BL/6小鼠，因为它们在遗传学上相似，便于重复性数据收集；另一种是远交系CD-1小鼠，这是一种非同质种群，基因型和表型差异很大，更能代表人类群体。与其他农药相比，毒死蜱和草甘膦因为涉及肠道微生物组的研究数量较多，从而受到了特别关注。大多数调查这两种农药影响的研究主要是在大鼠身上进行的。不过，毒死蜱研究只使用了Wistar大鼠，而本文讨论的草甘膦研究只使用了Sprague-Dawley大鼠。

在所查阅的文献中，还有一些基因操纵模型和疾病模型，这些模型均使用野生型C57BL/6小鼠或C57BL/6J小鼠及其相应的改变基因型变体。这些变体表达特定的基因，或者在使用基因敲除小鼠的情况下，通过操纵变体使基因失活或删除基因。这些变体可以研究生物过程中涉及的机制。Guardia-Escote等（2020）用人类的载脂蛋白ε3、载脂蛋白ε4两个等位基因取代载脂蛋白E（apoE）基因的小鼠，研究了它们在暴露于毒死蜱时对微生物群组成的影响。他们的结论是，早期暴露于毒死蜱的载脂蛋白E小鼠的肠道微生物群和短链脂肪酸的产生发生了变化，这对认知功能有潜在影响。研究人员使用组成型雄甾烷受体缺陷（CAR-/-）小鼠模型来评估6种农药（啶酰菌胺、克菌丹、毒死蜱、硫菌灵、噻虫啉和福美锌）在相当于各自每日允许摄入量下的长期暴露（1年）情况（Lukowicz等，2018）。它导致了野生型雌性小鼠体内微生物组发生改变。然而，尚不清楚微生物组对所观察到的致肥和致糖尿病的影响。一种toll样受体4（TLR4）基因敲除小鼠（一种海湾战争综合征模型）已被用于研究识别和治疗异变（胃肠道炎症和肝脏代谢异常、神经炎症）。这些异变是与海湾战争综合征相关的化合物（氯菊酯和溴吡斯的明）导致的，而且，它们也与微生物组失调有关（Alhasson等，2017；Seth等，2018）。

农药也被用来开发疾病模型。例如，氯菊酯已被用于诱导大鼠患帕金森病，其症状是肠漏、肝脏炎症和与肠道微生物群变化相关的大脑变化（Bordoni等，2019）。该模型也被用于评估电解还原水在减少氯菊酯引起的微生物组相关改变方面的效率（Bordoni等，2019）。

无菌实验动物（最常见的是小鼠和大鼠）在研究肠道微生物群的代谢能力和评估肠道微生物组对宿主体内稳态的因果作用方面扮演着至关重要的角色。无菌小鼠可以通过两种不同的方式获得，两者各有利弊（Kennedy等，2018）。真正的无菌小鼠是在没有微生物的严格环境条件下培育和饲养的，而经过抗生素处理的动物是一种成本更低的选择。在微生物组研究中，它们被接种细菌培养物，或用供体健康或改变后的微生物群重新定殖。基于抗生素处理的无菌小鼠已被用于评估和确认微生物组在暴露于毒死蜱和不同三嗪类除草剂混合物后对宿主体内所察变化的影响（Liang等，2019；Zhan等，2018）。

在设计实验研究时，除了物种和遗传背景，性别和年龄也是重要的考虑因素。大约2/3的研究仅在雄性成年动物中进行。其余的研究对象包括单独的雌性，雌性和雄性，和/或幼崽。Zhang等（2017）表示，他们选择雄性小鼠是因为它们在环境研究中对外源性暴露具有敏感的反应。

微生物组在宿主出生时开始发育，青春期达到成熟，成年期基本保持稳定，而到了老年，成分变得不稳定，多样性降低（Lynch和Pedersen，2016）。微生物组在早期的发育将决定其日后的组成和功能，并可能影响宿主对疾病的易感性。因此，人们特别关注年轻个体（从妊娠到接近成年）的微生物组暴露于外源化合物的研究。幼鼠接触毒死蜱（Guardia-Escote等，2020；Joly等，2013；Joly Condette等，2015；Li等，2019；Perez-Fernandez等，2020；Reygner等，2016b）和氯菊酯（Bordoni等，2019；Nasuti等，2016）影响了幼鼠的肠道细菌丰度和组成。和对成体的观察一样，雄性幼崽也是研究最多的性别。Reygner等（2016b）认为，出生前后毒死蜱暴露可能是影响成年期正常代谢调节开始的一个因素。这种变化在成年后似乎可以通过补充菊粉得到缓解。作者承认需要进一步的研究来深入了解微生物群与宿主之间的交叉机制，以及为何微生物群可以通过该机制缓解毒死蜱引起的代谢改变。早期毒死蜱暴露似乎也会影响与微生物组相关的短链脂肪酸的组成，从而影响认知功能（Guardia-Escote等，2020）。

在大约75%的研究中，样本量（即每个试验组的动物数量）为6～8只。考虑到微生物群组成的个体间变异性较高，样本量应较大才能具有代表性，从而确保得出可靠的结果和有意义的解释（Turner，2018）。此外，考虑到长期研究中可能出现的实验动物伤亡，这可能影响结果的统计意义，因此必须确保长期暴露的实验动物数量足够多。本书中提到的时间最长的研究（两年）样本量最小（每个试验组有3只暴露于农达®的大鼠）（Lozano等，2018）。虽然在实验期间没有大鼠死亡，但由于样本量小，统计能力低，因此结果存疑。

不论外源化合物存在与否，体外研究对于肠道微生物群组成、微生物相互作用和相关代谢活动也非常有用。它们还可用于阐明在封闭和受控环境中的某些机制。体外方法克服了体内系统的一些局限性，例如，它们可以暴露于多种污染物中，并且提供了以非侵入性方式评估微生物组的可能性。与体内研究不同，体外研究不需要伦理委员会的批准。显然，这些系统与宿主关联性小，因此在评估微生物组－宿主相互作用方面受到限制。它们不能代替体内模型，而只是作为补充。体外系统的一个显著优势是可以评估人体肠道微生物群，通常是采自粪便的微生物群。

现有体外模型的复杂程度各不相同，从生物反应器或发酵罐到肠细胞培养，再到更传统的细菌培养。用于胃肠道微生物组研究的生物反应器有不同类型，从简单的批量单元（含有不可补充介质）到由单个或多个导管组成的连续生物反应器（连续更换介质）（Guzman-Rodriguez等，2018）。复杂的生物反应器，例如模块化的体外肠道模型，用于模拟人体胃肠道不同部位环境条件，包括肠道蠕动的发酵室。它们的优势在于能在更符合生理的环境中评估微生物组。这些系统接种了来自动物或人类供体的肠道微生物群。它们可用于评估营养物质、益生菌、益生元和其他外源化合物对肠道微生物组的作用。生物反应器已被用于研究毒死蜱和溴氰菊酯对肠道微生物群的影响（Defois等，2018；Joly等，2013；Requile等，2018；Reygner等，2016a）。然而，这种模式的一个局限性是，它们未考虑物质对上皮细胞的影响，而使用细胞培养则可以克服这一局限。它们有助于评估导致结构性病变的细胞和分子机制。最常见的肠道细胞系有Caco-2、HT-29和Caco-2衍生的TC7细胞（Aguilar-Rojas等，2020；Hu等，2004；Turco等，2011）。过去曾使用Caco-2细胞系来评估毒死蜱的影响，毒死蜱会干扰细胞连接，并导致屏障效应丧失和渗透性增加（Tirelli等，2007）。串联发酵罐和细胞系，如体外肠道模型和Caco-2细胞，能结合两种模式的优势，正在成为体外研究的黄金标准（Requile等，2018）。该串联模型已被用于证明毒死蜱在体外肠道模型环境中会诱发肠道紊乱和代谢失衡，而转移到Caco-2/TC7细胞培养基中的样品会影响黏膜屏障的活性，并有可能诱发炎症（Requile等，2018）。该串联系统也被用于研究溴氰菊酯的影响（Defois

等，2018）。反应器中微生物组农药暴露导致细菌挥发物组发生变化，而转移到Caco-2/TC7细胞系的无微生物群上清液则导致代谢途径改变和生化变化。

微生物组与宿主微生物组关系的研究方法

采样

尽管人们普遍认为，微生物群在宿主成年后趋于稳定，但由于栖息地条件的变化，它在个体内部和个体之间，仍保持动态变化（Fisher等，2017）。研究表明，健康个体内60%的主要微生物群类型3年多时间都保持不变（Lozupone等，2012）。此外，微生物组的基因组组成会随着环境因素，包括饮食和外源化合物暴露的变化而不断变化（Clarke等，2019）。因此，在不同时间节点（例如粪便和血清）监测肠道微生物组和宿主反应，将有助于外源化合物的长期暴露研究。设置采样频率计划来监测微生物组和宿主，将能更好地了解长期农药暴露中，微生物组随时间的动态变化以及不同实验参数的发展变化，以及知晓这些变化是暂时出现还是长期如此。例如，通过在不同时间点评估霜霉威暴露情况，可以观察到趋势变化，如一些微生物菌群的丰度变化（Wu等，2018a；Wu等，2018b）。采样频率也可以评估一些调节宿主或微生物组的因素，如年龄、激素和免疫状态。此外，它还有助于确定农药暴露后事情发生的顺序，例如，有助于确定肠道紊乱是在宿主变化之前还是之后出现的。为了说明这一点，在一项为期52周的农药混合物（啶酰菌胺、克菌丹、毒死蜱、硫菌灵、噻虫啉和福美锌）暴露实验中，在第48周观察到微生物代谢物图谱的变化，这在宿主代谢发生改变之后（Lukowicz等，2018）。这表明微生物群的改变可能是宿主变化的结果，而非原因。

本书包含的研究表明，时间点评估通常在处于关键年龄段（出生、断奶、成年早期）的幼龄动物上进行。然而，受试样本却取自于许多成年模型的实验末尾。本书中历时最长的一项研究，是将大鼠暴露在不同剂量的农达®中近两年，但在暴露673天后才收集样本（Lozano等，2018）。微生物组的改变仅限于雌性大鼠，这个年龄段的大鼠处于生命周期的末尾。这项研究的低统计功效（每组3只大鼠），增加了统计学上显著差异导致假阳性的可能性（Dumas-Mallet等，2017）。况且，在如此长的试验期中，没有监测微生物组的演变情况，所以很难将研究结果仅仅归因于农药暴露。许多其他因素，像老年雌性大鼠的免疫和激素状态可能影响结果并导致变异。

样品采集点也会影响微生物群的组成。据报道，粪便和盲肠样本的微生物群组成可能不同（Tanca等，2017）。Wu等（2018a；2018b）报告了霜霉威暴露后，粪便和盲肠样本微生物群构成的差异。这种差异可能会对研究结果的阐释产生影响（Tang等，2020a）。粪便样本的优势在于其非侵入性。这有利于长时间监测微生物组和其他功能参数（如代谢物）。而从活体动物身上很难获得消化道样本。它们通常是在研究结束、动物死亡后采集的。如果农药在肠道中代谢并被吸收，那么可以通过农药毒代动力学来确定采样位置。

分析考量因素

研究微生物组、微生物组-宿主相互作用以及外源化合物对这些系统的影响，需要多学科科学家团队进行全面分析。不断发展的生物信息学和最新的技术进步使得组学分析成为分析手段。无论是单独运用组学分析，还是将其与传统分析方法相结合，都能够对复杂的生物结构和功能进行全面评估。挑选最恰当的方法取决于科学的问题和前提假设（Allaband等，2019）。本节将介绍用于研究微生物组的组学方法。

通过靶向或非靶向分析方法来分析微生物的脱氧核糖核酸、信使核糖核酸、蛋白质或代谢物的不同化学性质，可用以研究微生物组的组成和功能。对微生物群组成（丰度和多样性）的分析，通常采用非培养的分子工具，旨在回答"有哪些菌"和"有多少"的问题。最常用的是16S核糖体RNA（rRNA）基因扩增子测序。16S rRNA基因打靶已被用作原核生物分类和系统发育分析的可靠标志物（Yang等，2016）。该基因有9个高变区（V1～V9），其中一些区域比另一些区域更保守。靶向区域将决定分析的分类群级别，从高级分类群（高保守区）到属的识别（低保守区）。对种层面的识别并不一定能实现，部分原因是某些物种在该区域内是相同的（Wang等，2007）。V1、V2和V6区域的种内多样性程度最高（Coenye和Vandamme，2003），V4～V6区域因其对细菌门的系统发育分辨率较高，被认为是引物设计的最佳区域（Yang等，2016）。不同的聚合酶链式反应引物组合会产生不同的微生物组图谱（人类微生物组计划联盟，2012）。此外，其他考量因素也会影响该方法，从而导致结果偏差，如序列比对和统计方法（Pollock等，2018）。这些都是影响方法对比和复现的变量。本文引用的大多数研究都针对V3～V4区域，其次是V4～V5区域，这些区域有助于识别分类群的级别：门、纲、目、科和属。在他们使用农达®产品进行研究时，Lozano等（2018）靶向了16S rRNA基因V1和V5区以外的所有高变区。微生物组的非细菌群需要其他分析靶向。例如，18S rRNA基因或内转录间隔区可用于评估真核生物（如真菌）。

然而，要想对微生物组，包括细菌、病毒、真菌和小型真核生物进行全面分析，还是要使用鸟枪法宏基因组学分析。与16S rRNA基因靶向测序不同，鸟枪法宏基因组学能覆盖整个脱氧核糖核酸。它不仅确定了微生物群的系统发育构成，还提供了功能信息（功能基因组学）。利用鸟枪法宏基因组学，可以确定遗传特征的存在，并确定参与代谢途径和微生物组活动的基因丰度。然而，宏基因组学分析依赖于数据库，而这些数据库则依赖于其所含数据的质量和完整性。鸟枪法宏基因组学被用于评估肠道微生物群暴露于2,4-滴的情况，结果显示，与氨基酸和碳水化合物代谢相关的途径和基因家族的丰度增加，这表明出现了功能性扰动（Tu等，2019）。它还能确定马拉硫磷暴露后，与群体感应系统（如运动性和致病性）相关的基因丰度增加（Gao等，2018）。鸟枪法宏基因组学还有助于确定肠道微生物组对二嗪磷的神经毒性及其性别特异性影响的潜在作用机制（Gao，2017b）。

基因组学提供了有关基因存在的信息，但并未表明这些基因是否活跃。基因表达是通过分析信使核糖核酸来评估的。它提供了哪些代谢途径会上下调节的机制性见解。转录组学技术以实时荧光定量聚合酶链反应（qRT-PCR）为基础，现已被用于分析农药暴露引起的粪便或组织样本中靶向特异性基因的表达。在已查阅的文献中，大多数信使核糖核酸转录组分析都是在宿主组织中进行（这也视研究目的而定，但最常见的是肝脏和肠道的组织），少数用于微生物组的研究。元转录组学是一种面向整个信使核糖核酸的非靶向方法，已被用于评估二嗪磷对微生物组群体感应系统的影响（Gao等，2017a）。该方法还与微生物挥发物相结合，用于评估溴氰菊酯对微生物组代谢的影响（Defois等，2018）。微生物元转录组学还揭示了导致久效磷生物降解的代谢途径的上调（Velmurugan等，2017）。

代谢组学可以检测和识别代谢物图谱。代谢组分析是评估微生物组或宿主活性和功能的另一种方法。微生物代谢物通常在盲肠内容物或粪便样本中进行分析。此外，在经过全身系统的吸收和流动后，这些代谢物也会在其他组织和器官中出现。已探明某些微生物代谢物会参与宿主的生理和代谢过程，因此微生物群代谢物的变化可能会影响宿主的正常功能。短链脂肪酸，特别是丁酸盐尤为值得关注，因为它们被肠上皮细胞当作能量来源。此外，短链脂肪酸还能与能量代谢、神经功能和肠道功能相互作用，并参与调节宿主的免疫反应（Koh等，2016；Neish，2009）。研究表明，短链脂肪酸可降低一些疾病的风险，比如结肠癌（Koliarakis等，2018）。而且，微生物群还能将宿主产生的化合物，如肠道胆汁酸代谢为次级胆汁酸。它还能代谢外源性化合物，由此产生的代谢物会影响宿主的生理机能（Koppel等，2017）。微生物代谢物的分析方法多种多样，既有侧重于分析特定基团或化合物家族的靶向方法，也有经过优化以涵盖尽可能多的代谢物的非靶向方法。检测技术通常包括质谱法和核磁共振波谱法。使用这些技术的分析方法已能识别由2，4-滴（Tu等，2019）、毒死蜱（Reygner等，2016a；Reygner等，2016b）、溴氰菊酯（Defois等，2018）和二嗪磷（Gao等，2017b）引起的微生物代谢失衡。代谢组学还显示，涕灭威暴露扰乱了宿主的脂质和脑代谢（Gao等，2019），而硫丹（Zhang等，2017）、久效磷（Velmurugan等，2017）、戊菌唑（Meng等，2019）、霜霉威（Wu等，2018a）和混配农药（Lukowicz等，2018）也改变了肠肝代谢。

尽管早已知晓微生物组能产生一些代谢物，如短链脂肪酸和次级胆汁酸，但要分清到底是宿主还是肠道微生物组产生的许多其他代谢物，却很困难（Gao等，2019）。

没有人质疑组学方法对理解复杂生物体结构和进程的益处。然而，组学也带来了新的挑战，因为它们总是从整体视角来处理生物体的基因组成和功能问题。它们给出大量信息，但依据现有知识，又难以理解。例如，通过分析人体的宏基因组，Pasolli等（2019）从遍布全身的人体微生物组中发现了3 795个待命名的新种级支系。许多已确定的代谢活动也无法与基因或特异性酶联系起来（Koppel等，2017）。反之亦然，例如，86%的粪便宏基因组无法归入已知的代谢途径（人类微生物组计划联盟，2012）。另外，虽然已经开发出许多新的分析方法，但由于缺乏一致标准、验证和最佳实践指导，想要复现研究和比较使用相似研究方法得出的结果，仍然十分困难。

农药混合物、农药制剂以及与其他外源化合物的复合暴露

从本书中可以推断，涉及农药和微生物组的研究数量有限，且内容主要集中在对农药单剂的评估上。然而，现实情况是，农药只是制剂的一部分，后者还含有其他物质，如表面活性剂和佐剂。本书中的微生物组研究，草甘膦是唯一农药，既被单独评估，也作为商业制剂（如农达®、Glyfonova®）的组成部分接受评估。草甘膦和以草甘膦为基础的商用除草剂是最具争议的农药产品之一。大量自相矛盾的科学和伪科学资讯发表，造成了对这种农药安全性的认知混乱（Mesnage和Antoniou，2017）。由于许多草甘膦安全性评估已有约30年的历史，因此有人建议对草甘膦进行研究和重新评估，包括商业制剂和混配农药（Vandenberg等，2017）。事实上，本书中提到的草甘膦研究表明，与单独使用草甘膦相比，商业制剂对整体肠道微生物组组成和多样性的影响更大（Dechartres等，2019；Mao等，2018；Nielsen等，2018）。此外，如前所述，制剂中的佐剂或其他成分可能会以相加或协同的方式增加草甘膦的潜在毒性效应（Coalova等，2014；Mesnage等，2013；Williams等，2000）。这一结果呼吁人们更多地关注农药产品中的助剂成分。

由于农业实践、卫生条件和供应链上的其他活动，在同一食品样本中发现多种农药残留的情况并不罕见。例如，欧洲食品安全局收集了欧盟成员国国

不良影响，并确定合适的生物标志物；②确定生物标志物值正常或异常的条件；③建立因果关系和相关机制。

微生物组作为一个复杂且多样的功能性网络或与宿主或周边环境处于共生状态的微生物集合，它有可能被一些机构当作风险评估的组成部分。例如，欧洲食品安全局发布了一份报告，指出微生物组在未来的化学品风险评估和风险预测模型中的潜在相关性，但也指出仍有一些空白和局限性需要解决，例如与数据解释和方法标准化有关的问题（Merten 等，2020）。

本书引用的研究中发现的空白之一是体内和体外研究及分析方法缺乏标准化。标准化对于提高实验复现性和数据可比性至关重要。体外研究结果应在所选择的体内模型中得到验证。为了最大限度地减少暴露研究中观察到的变异性影响，Licht 等（2019）建议选择细菌多样性高、微生物群标准化的动物模型，并定期检查其微生物的组成。同时，应通过将微生物群转移到明确的无菌模型中来确认因果关系。这些模型的局限也应清楚表明，并承认动物和人类之间的差异还未明确。

为评估农药残留含量，还需要更适合的实验设计，其中就包括在能允许剂量-反应曲线测定的实验农药剂量范围下的长期暴露。

为确保对农药风险评估所涉及的肠道微生物组研究进行一致、透明和适当的评判，评估者必须解释从微生物组研究中得出的数据，包括那些从组学分析得出的数据。

一些研究已为涉及肠道微生物组化学品的毒理学风险评估提供了框架。Velmurugan（2018）提出了一套在已知新药物及化学品中评估肠道微生物群的工作流程。它的重点集中在两个方面。①确定微生物群落结构的变化，找出那些致病的非正常物种。然而，只要微生物组紊乱与宿主改变之间的因果关系未被证实，这项研究工作的作用就有限。②从研究的化学品的微生物代谢结果中，鉴定和评估其中的化合物。

© 粮农组织/Giampiero Diana

第 6 章

结　　论

在绝大多数情况下，啮齿动物模型中农药暴露会导致肠道微生物组和动物体内平衡的改变，但其中的因果关系还无法证实。一些体外研究也显示出微生物紊乱。在缺乏对健康微生物组和紊乱的明确界定下，很难评估这些发现之间的相关性。需要进行更多的研究和指导，以便：①确定因果关系和相关机制；②调查微生物组中低含量农药残留的影响；③在农药残留风险评估中考虑肠道微生物组。

建议

> 组织一系列由风险评估人员和多学科微生物组专家共同参与的会议，以便：
　　> 就风险评估而论，提供健康微生物组和紊乱的定义；
　　> 讨论微生物组作为化学品安全评估潜在组成部分，存在的空白和局限，并为研究活动提供建议；
　　> 确定合适的微生物组相关参数和具有病理生理相关性的端点；
　　> 更新现有评估流程并制定标准，以囊括和评估微生物组衍生的数据，包括由组学技术产生的数据；
　　> 制定指导方针以帮助风险评估人员评估和解释肠道微生物组衍生出的数据。
> 鼓励开展以下研究活动：
　　> 农药化学转化中的肠道微生物组的参与，以及化合物毒代动力学和毒性的变化；
　　> 长期暴露于低含量的农药残留；
　　> 农药共同暴露和农药助剂的评估；
　　> 因果关系和相关机制的厘清。
> 加入科学界并为之做出贡献的努力旨在：
　　> 为微生物组研究建立合适的模型；

> 规范用于评估农药残留（以及与食品安全相关的其他化学品）安全性的体内和体外方法；
> 规范包含基于组学技术在内的分析方法。

> 为科学家制定指导方针，以协调微生物组研究，并确保数据质量。指导方针可涵盖：
> 制定动物和体外模型的选择标准；
> 确定适当的样本量（即每个试验组的动物数量）和采样频率；
> 选择合适的微生物群（人类）供体、样本采集和样本处理（用于体外研究）；
> 制定选择农药剂量（例如基于现有的健康参考值）和最低暴露频次的标准；
> 制定用于选择引物以评估 16S rRNA 基因扩增的标准；
> 提供统计分析。

© 粮农组织/Lazizkhon Tashbekov

REFERENCES 参考文献

Adedara, I.A., Vaithinathan, S., Jubendradass, R., Mathur, P.P. & Farombi, E. O. 2013. Kolaviron prevents carbendazim-induced steroidogenic dysfunction and apoptosis in testes of rats. *Environmental Toxicology and Pharmacology,* 35(3): 444–453. https://doi.org/10.1016/j.etap.2013.01.010.

Adrian, L., Szewzyk, U., Wecke, J. & Gorisch, H. 2000. Bacterial dehalorespiration with chlorinated benzenes. *Nature,* 408(6812): 580–3. https://doi.org/10.1038/35046063.

Aguilar-Rojas, A., Olivo-Marin, J.C. & Guillen, N. 2020. Human intestinal models to study interactions between intestine and microbes. *Open Biology,* 10(10): 200199. https://doi.org/10.1098/rsob.200199.

Aitbali, Y., Ba-M'hamed, S., Elhidar, N., Nafis, A., Soraa, N. & Bennis, M. 2018. Glyphosate based- herbicide exposure affects gut microbiota, anxiety and depression-like behaviors in mice. *Neurotoxicology Teratology,* 67: 44–49. https://doi.org/10.1016/j.ntt.2018.04.002.

Alhasson, F., Das, S., Seth, R., Dattaroy, D., Chandrashekaran, V., Ryan, C.N., Chan, L.S., *et al.* 2017. Altered gut microbiome in a mouse model of Gulf War Illness causes neuroinflammation and intestinal injury via leaky gut and TLR4 activation. *PLoS One,* 12(3): e0172914. https://doi.org/10.1371/journal.pone.0172914.

Allaband, C., Mcdonald, D., Vázquez-Baeza, Y., Minich, J.J., Tripathi, A., Brenner, D.A., Loomba, R., *et al.* 2019. Microbiome 101: studying, analyzing, and interpreting gut microbiome data for clinicians. *Clinical Gastroenterology and Hepatology,* 17(2): 218–230. https://doi.org/10.1016/j.cgh.2018.09.017.

Amato, K.R., Yeoman, C.J., Cerda, G., A. Schmitt, C., Cramer, J.D., Miller, M.E.B., Gomez, A., *et al.* 2015. Variable responses of human and non-human primate gut microbiomes to a Western diet. *Microbiome,* 3(1): 53. https://doi.org/10.1186/s40168-015-0120-7.

Arcella, D., Boobis, A., Cressey, P., Erdely, H., Fattori, V., Leblanc, J.C., Lipp, M., *et al.* 2019. Harmonized methodology to assess chronic dietary exposure to residues from compounds used as pesticide and veterinary drug. *Crit Rev Toxicol,* 49(1): 1-10. https://doi.org/10.1080/10408444.2019.1578729.

Bassett, S.A., Young, W., Fraser, K., Dalziel, J.E., Webster, J., Ryan, L., Fitzgerald, P., *et al.* 2019. Metabolome and microbiome profiling of a stress-sensitive rat model of gut-brain axis dysfunction. *Scientific Reports,* 9(1): 14026. https://doi.org/10.1038/s41598-019-50593-3.

Benedetti, A.L., Vituri Cde, L., Trentin, A.G., Domingues, M.A. & Alvarez-Silva, M. 2004. The effects of sub-chronic exposure of Wistar rats to the herbicide Glyphosate-Biocarb. *Toxicology Letters,* 153(2): 227–32. https://doi.org/10.1016/j.toxlet.2004.04.008.

Berg, G., Rybakova, D., Fischer, D., Cernava, T., Vergès, M-C.C., Charles, T., Chen, X., *et al.* 2020. Microbiome definition re-visited: old concepts and new challenges. *Microbiome,* 8(1): 103. https://doi.org/10.1186/s40168-020-00875-0.

Bhushan, C., Bharadwaj, A. & Misra, S.S. 2013. *State of pesticide regulations in India.* New Delhi, Centre for Science and Environment.

Biagi, E., Franceschi, C., Rampelli, S., Severgnini, M., Ostan, R., Turroni, S., Consolandi, C., et al. 2016. Gut microbiota and extreme longevity. *Current Biology,* 26(11): 1480–5. https://doi.org/10.1016/j.cub.2016.04.016.

Bjørling-Poulsen, M., Andersen, H.R. & Grandjean, P. 2008. Potential developmental neurotoxicity of pesticides used in Europe. *Environmental Health,* 7: 50–50. https://doi.org/10.1186/1476-069X-7-50.

Boocock, M.R. & Coggins, J.R. 1983. Kinetics of 5-enolpyruvylshikimate-3-phosphate synthase inhibition by glyphosate. *FEBS Letters,* 154(1): 127–33. https://doi.org/10.1016/0014-5793(83)80888-6.

Bordoni, L., Gabbianelli, R., Fedeli, D., Fiorini, D., Bergheim, I., Jin, C.J., Marinelli, L., Di Stefano, A. & Nasuti, C. 2019. Positive effect of an electrolyzed reduced water on gut permeability, fecal microbiota and liver in an animal model of Parkinson's disease. *PLoS One,* 14(10): e0223238. https://doi.org/10.1371/journal.pone.0223238.

Brussow, H. 2019. Problems with the concept of gut microbiota dysbiosis. *Microbial Biotechnology,* 13(2): 423–434. https://doi.org/10.1111/1751-7915.13479.

Bunge, M., Adrian, L., Kraus, A., Opel, M., Lorenz, W.G., Andreesen, J.R., Gorisch, H. & Lechner, U. 2003. Reductive dehalogenation of chlorinated dioxins by an anaerobic bacterium. *Nature,* 421(6921): 357–60. https://doi.org/10.1038/nature01237.

Camarillo-Guerrero, L. F., Almeida, A., Rangel-Pineros, G., Finn, R. D. & Lawley, T. D. 2021. Massive expansion of human gut bacteriophage diversity. *Cell,* 184(4): 1098–1109.e9. https://doi.org/10.1016/j.cell.2021.01.029.

Cani, P.D., Neyrinck, A.M., Fava, F., Knauf, C., Burcelin, R.G., Tuohy, K.M., Gibson, G.R. & Delzenne, N.M. 2007. Selective increases of bifidobacteria in gut microflora improve high-fat-diet-induced diabetes in mice through a mechanism associated with endotoxaemia. *Diabetologia,* 50(11): 2374–2383. https://doi.org/10.1007/s00125-007-0791-0.

Carolan, E., Tobin, L.M., Mangan, B.A., Corrigan, M., Gaoatswe, G., Byrne, G., Geoghegan, J., *et al.* 2015. Altered distribution and increased IL-17 production by mucosal-associated invariant T cells in adult and childhood obesity. *Journal of Immunology,* 194(12): 5775–5780. https://doi.org/10.4049/jimmunol.1402945.

Chiba, A., Murayama, G. & Miyake, S. 2018. Mucosal-associated invariant T cells in autoimmune diseases. *Frontiers in Immunology,* 9: 1333. https://doi.org/10.3389/fimmu.2018.01333.

Clarke, G., Sandhu, K.V., Griffin, B.T., Dinan, T.G., Cryan, J.F. & Hyland, N.P. 2019. Gut reactions: breaking down xenobiotic–microbiome interactions. *Pharmacological Reviews,*

71(2): 198. https://doi.org/10.1124/pr.118.015768.

Coalova, I., Rios de Molina, M.C. & Chaufan, G. 2014. Influence of the spray adjuvant on the toxicity effects of a glyphosate formulation. *Toxicology in Vitro*, 28(7): 1306–11. https://doi.org/10.1016/j.tiv.2014.06.014.

Codex Alimentarius. 2020. Codex Pesticide Residues in Food Online Database. In: *Codex Alimentarius*. Cited 16 February 2022. http://www.fao.org/fao-who-codexalimentarius/codex-texts/dbs/pestres/en/.

Coenye, T. & Vandamme, P. 2003. Intragenomic heterogeneity between multiple 16S ribosomal RNA operons in sequenced bacterial genomes. *FEMS Microbiology Letters*, 228(1): 45–49. https://doi.org/10.1016/S0378-1097(03)00717-1.

Cotta, M. & Forster, R. 2006. The Family Lachnospiraceae, including the Genera *Butyrivibrio*, *Lachnospira* and *Roseburia*. *The Prokaryotes*, 1002–1021. https://doi.org/10.1007/0-387-30744-3_35.

Dechartres, J., Pawluski, J.L., Gueguen, M.M., Jablaoui, A., Maguin, E., Rhimi, M. & Charlier, T.D. 2019. Glyphosate and glyphosate-based herbicide exposure during the peripartum period affects maternal brain plasticity, maternal behaviour and microbiome. *Journal of Neuroendocrinology*, 31(9): e12731. https://doi.org/10.1111/jne.12731.

Defois, C., Ratel, J., Garrait, G., Denis, S., Le Goff, O., Talvas, J., Mosoni, P., Engel, E. & Peyret, P. 2018. Food chemicals disrupt human gut microbiota activity and impact intestinal homeostasis as revealed by *in vitro* systems. *Scientific Reports*, 8(1): 11006. https://doi.org/10.1038/s41598-018-29376-9.

Dourson, M.L., Teuschler, L.K., Durkin, P.R. & Stiteler, W.M. 1997. Categorical regression of toxicity data: A case study using aldicarb. *Regulatory Toxicology and Pharmacology*, 25(2): 121–129. https://doi.org/10.1006/rtph.1996.1079.

Dumas-Mallet, E., Button, K.S., Boraud, T., Gonon, F. & Munafò, M.R. 2017. Low statistical power in biomedical science: a review of three human research domains. *Royal Society Open Science*, 4(2): 160254. https://doi.org/10.1098/rsos.160254.

EFSA (European Food Safety Authority). 2006. Conclusion regarding the peer review of the pesticide risk assessment of the active substance propamocarb. *EFSA Journal*, 4(7): 78r. https://doi.org/10.2903/j.efsa.2006.78r.

EFSA. 2015. Conclusion on the peer review of the pesticide risk assessment of the active substance glyphosate. *EFSA Journal*, 13(11): 4302. https://doi.org/10.2903/j.efsa.2015.4302.

EFSA. 2018. Monitoring data on pesticide residues in food: results on organic versus conventionally produced food. *EFSA Supporting Publications*, 15(4): 1397E. https://doi.org/10.2903/sp.efsa.2018.EN-1397.

EFSA. 2020. The 2018 European Union report on pesticide residues in food. *EFSA Journal*, 18(4): e06057. https://doi.org/10.2903/j.efsa.2020.6057.

EFSA. 2021. Guidance document on scientific criteria for grouping chemicals into assessment groups for human risk assessment of combined exposure to multiple chemicals. *EFSA*

Journal, 19(12): e07033. https://doi.org/10.2903/j.efsa.2021.7033.

EPA (United States Environmental Protection Agency). 1993. *Reregistration Eligibility Decision (RED): Glyphosate*. Washington, EPA. https://www3.epa.gov/pesticides/chem_search/reg_actions/reregistration/red_PC-417300_1-Sep-93.pdf.

EPA. 2018. *2018 Edition of the Drinking Water Standards and Health Advisories Tables.* Washington, EPA. https://19january2021snapshot.epa.gov/sites/static/files/2018-03/documents/dwtable2018.pdf .

EPA. 2006. *Pesticide fact sheet - epoxiconazole*. Washington, EPA. https://www3.epa.gov/pesticides/chem_search/reg_actions/registration/fs_PC-123909_01-Aug-06.pdf .

European Commission. 2020. EU Pesticides Database. In: *European Commission Food Safety*. Brussels. https://ec.europa.eu/food/plant/pesticides/eu-pesticides-db_en.

Evans, R.M. & Mangelsdorf, D.J. 2014. Nuclear receptors, RXR, and the Big Bang. *Cell,* 157(1): 255–66. https://doi.org/10.1016/j.cell.2014.03.012.

Fang, B., Li, J. W., Zhang, M., Ren, F.Z. & Pang, G.F. 2018. Chronic chlorpyrifos exposure elicits diet-specific effects on metabolism and the gut microbiome in rats. *Food and Chemical Toxicology,* 111: 144 –152. https://doi.org/10.1016/j.fct.2017.11.001.

FAO (Food and Agriculture Organization of the United Nations). 2021. NSP – JMPR Reports and evaluations. Index. In: *FAO*. Cited 30 December 2021. https://www.fao.org/pest-and-pesticide-management/guidelines-standards/faowho-joint-meeting-on-pesticide-residues-jmpr/reports/en.

FAO & WHO (Food and Agriculture Organization of the United Nations & World Health Organization). 2009. *Principles and methods for the risk assessment of chemicals in food.* Geneva, WHO. https://apps.who.int/iris/handle/10665/44065.

FAO & WHO. 2016. *International code of conduct on pesticide management: guidelines on highly hazardous pesticides*. Geneva: World Health Organization. http://www.fao.org/fileadmin/templates/agphome/documents/Pests_Pesticides/Code/Code_ENG_2017updated.pdf.

FAO & WHO. 2017. *Pesticide residues in food 2017. Joint FAO/WHO meeting on pesticide residues - Report 2017*. Rome, FAO. http://www.fao.org/fileadmin/templates/agphome/documents/Pests_Pesticides/JMPR/Report2017/web_2017_JMPR_Report_Final.pdf.

FAO & WHO. 2019. *Pesticide residues in food 2018. Report of the joint meeting of the FAO Panel of Experts on pesticide residues in food and the environment and the WHO Core Assessment Group on pesticide residues.* Plant Production and Protectin Paper No. 234. Rome, FAO. http://www.fao.org/3/CA2708EN/ca2708en.pdf.

FAO & WHO. 2020. *Pesticide residues in food 2019 - Report 2019 - Joint FAO/WHO meeting on pesticide residues.* Rome, FAO. http://www.fao.org/3/ca7455en/ca7455en.pdf.

FAO & UNEP (Food and Agriculture Organization of the United Nations & United Nations Environment Programme). 1997. *Decision guidance documents: methamidophos - methyl parathion - monocrotophos - parathion - phosphamidon. Operation of the PIC procedure for pesticides included because of their acute hazard classification and concern as to their* *impact on human health under conditions of use in developing countries.* United Nations Environment Programme [Online]. Available: http://www.fao.org/3/w5715e/w5715e00.htm.

FDA (United States Food and Drug Administration). 2020. *pesticide residue monitoring program fiscal year 2018 pesticide report.* FDA. https://www.fda.gov/food/pesticides/pesticide-residue-monitoring-report-and-data-fy-2018.

Feng, P., Ye, Z., Kakade, A., Virk, A.K., Li, X. & Liu, P. 2019. A review on gut remediation of selected environmental contaminants: possible roles of probiotics and gut microbiota. *Nutrients,* 11(1). https://doi.org/10.3390/nu11010022.

Fischbach, M.A. 2018. Microbiome: focus on causation and mechanism. *Cell,* 174(4): 785–790. https://doi.org/10.1016/j.cell.2018.07.038.

Fisher, C.K., Mora, T. & Walczak, A.M. 2017. Variable habitat conditions drive species covariation in the human microbiota. *PLOS Computational Biology,* 13(4): e1005435. https://doi.org/10.1371/journal.pcbi.1005435.

Flemer, B., Gaci, N., Borrel, G., Sanderson, I.R., Chaudhary, P.P., Tottey, W., O'Toole, P.W. & Brugere, J.F. 2017. Fecal microbiota variation across the lifespan of the healthy laboratory rat. *Gut Microbes,* 8(5): 428–439. https://doi.org/10.1080/19490976.2017.1334033.

Flint, H.J., Bayer, E.A., Rincon, M.T., Lamed, R. & White, B.A. 2008. Polysaccharide utilization by gut bacteria: potential for new insights from genomic analysis. *Nature Reviews Microbiology,* 6(2): 121–31. https://doi.org/10.1038/nrmicro1817.

Fulco, C.E., Liverman, C.T. & Sox, H.C. 2000. *Gulf War and health: volume 1: depleted uranium, sarin, pyridostigmine bromide, and vaccines.* Washington, The National Academies Press. https://www.nap.edu/catalog/9953/gulf-war-and-health-volume-1-depleted-uranium-sarin-pyridostigmine2000.

Gao, B., Bian, X., Chi, L., Tu, P., Ru, H. & Lu, K. 2017a. Editor's highlight: organophosphate diazinon altered quorum sensing, cell motility, stress response, and carbohydrate metabolism of gut microbiome. *Toxicological Sciences,* 157(2): 354–364. https://doi.org/10.1093/toxsci/kfx053.

Gao, B., Bian, X., Mahbub, R. & Lu, K. 2017b. Sex-specific effects of organophosphate diazinon on the gut microbiome and its metabolic functions. *Environmental Health Perspectives,* 125(2): 198–206. https://doi.org/10.1289/EHP202.

Gao, B., Chi, L., Tu, P., Bian, X., Thomas, J., Ru, H. & Lu, K. 2018. The organophosphate malathion disturbs gut microbiome development and the quorum-sensing system. *Toxicology Letters,* 283: 52–57. https://doi.org/10.1016/j.toxlet.2017.10.023.

Gao, B., Chi, L., Tu, P., Gao, N. & Lu, K. 2019. The carbamate aldicarb altered the gut microbiome, metabolome, and lipidome of C57BL/6J mice. *Chemical Research in Toxicology,* 32(1): 67–79. https://doi.org/10.1021/acs.chemrestox.8b00179.

Guardia-Escote, L., Basaure, P., Biosca-Brull, J., Cabre, M., Blanco, J., Perez-Fernandez, C., Sanchez-Santed, F., Domingo, J. L. & Colomina, M.T. 2020. APOE genotype and postnatal chlorpyrifos exposure modulate gut microbiota and cerebral short-chain fatty acids in preweaning mice. *Food and Chemical Toxicology,* 135: 110872. https://doi.org/10.1016/j.fct.2019.110872.

Guilloteau, P., Martin, L., Eeckhaut, V., Ducatelle, R., Zabielski, R. & Van Immerseel, F. 2010. From the gut to the peripheral tissues: the multiple effects of butyrate. *Nutrition Research Reviews,* 23(2): 366–84. https://doi.org/10.1017/S0954422410000247.

Guo, F.Z., Zhang, L.S., Wei, J.L., Ren, L.H., Zhang, J., Jing, L., Yang, M., *et al*. 2016. Endosulfan inhibiting the meiosis process via depressing expressions of regulatory factors and causing cell cycle arrest in spermatogenic cells. *Environmental Science and Polluttion Research,* 23(20): 20506–20516. https://doi.org/10.1007/s11356-016-7195-y.

Guzman-Rodriguez, M., McDonald, J.A.K., Hyde, R., Allen-Vercoe, E., Claud, E. C., Sheth, P. M. & Petrof, E. O. 2018. Using bioreactors to study the effects of drugs on the human microbiota. *Methods,* 149: 31–41. https://doi.org/10.1016/j.ymeth.2018.08.003.

Hills, R.D., Pontefract, B.A., Mishcon, H.R., Black, C.A., Sutton, S.C. & Theberge, C.R. 2019. Gut microbiome: profound implications for diet and disease. *Nutrients,* 11(7). https://doi.org/10.3390/nu11071613.

Hoffmann, A.R., Proctor, L.M., Surette, M.G. & Suchodolski, J.S. 2015. The microbiome: the trillions of microorganisms that maintain health and cause disease in humans and companion animals. *Veterinary Pathology,* 53(1): 10–21. https://doi.org/10.1177/0300985815595517.

Hooks, K.B. & O'Malley, M.A. 2017. Dysbiosis and its discontents. *mBio,* 8(5): e01492–17. https://doi.org/10.1128/mBio.01492-17.

Hu, M., Ling, J., Lin, H. & Chen, J. 2004. Use of Caco-2 cell monolayers to study drug absorption and metabolism. In Yan, Z. & Caldwell, G. W., eds. *Optimization in Drug Discovery: In Vitro Methods,* pp. 19–35. Humana Press. https://doi.org/10.1385/1-59259-800-5:019.

Human Microbiome Project Consortium. 2012. Structure, function and diversity of the healthy human microbiome. *Nature,* 486(7402): 207–14. https://doi.org/10.1038/nature11234.

IUPAC (International Union of Pure and Applied Chemistry). 2019. *Compendium of Chemical Terminology (Gold Book).* https://goldbook.iupac.org.

Jin, C., Xia, J., Wu, S., Tu, W., Pan, Z., Fu, Z., Wang, Y. & Jin, Y. 2018a. Insights into a possible influence on gut microbiota and intestinal barrier function during chronic exposure of mice to imazalil. *Toxicological Sciences,* 162(1): 113–123. https://doi.org/10.1093/toxsci/kfx227.

Jin, C., Zeng, Z., Fu, Z. & Jin, Y. 2016. Oral imazalil exposure induces gut microbiota dysbiosis and colonic inflammation in mice. *Chemosphere,* 160: 349–58. https://doi.org/10.1016/j.chemosphere.2016.06.105.

Jin, C., Zeng, Z., Wang, C., Luo, T., Wang, S., Zhou, J., Ni, Y., Fu, Z. & Jin, Y. 2018b. Insights into a possible mechanism underlying the connection of carbendazim-induced lipid metabolism disorder and gut microbiota dysbiosis in mice. *Toxicological Sciences,* 166(2): 382–393. https://doi.org/10.1093/toxsci/kfy205.

Jin, Y., Zeng, Z., Wu, Y., Zhang, S. & Fu, Z. 2015. Oral exposure of mice to carbendazim induces hepatic lipid metabolism disorder and gut microbiota dysbiosis. *Toxicological Sciences*, 147(1): 116–26. https://doi.org/10.1093/toxsci/kfv115.

Johnson, M. 2012. Laboratory mice and rats. *MATER METHODS*, 2(113). https://doi.org/10.13070/mm.en.2.113.

Joly, C., Gay-Queheillard, J., Leke, A., Chardon, K., Delanaud, S., Bach, V. & Khorsi-Cauet, H. 2013. Impact of chronic exposure to low doses of chlorpyrifos on the intestinal microbiota in the Simulator of the Human Intestinal Microbial Ecosystem (SHIME) and in the rat. *Environmental Science and Pollution Research*, 20(5): 2726–34. https://doi.org/10.1007/s11356-012-1283-4.

Joly Condette, C., Bach, V., Mayeur, C., Gay-Queheillard, J. & Khorsi-Cauet, H. 2015. Chlorpyrifos exposure during perinatal period affects intestinal microbiota associated with delay of maturation of digestive tract in rats. *Journal of Pediatric Gastroenterology and Nutrition*, 61(1): 30–40. https://doi.org.10.1097/MPG.0000000000000734.

Kaakoush, N.O. 2015. Insights into the role of Erysipelotrichaceae in the human host. *Frontiers in Cellular and Infection Microbiology*, 5: 84. https://www.frontiersin.org/article/10.3389/fcimb.2015.00084.

Kamareddine, L., Najjar, H., Sohail, M.U., Abdulkader, H. & Al-Asmakh, M. 2020. The microbiota and gut-related disorders: insights from animal models. *Cells*, 9(11). https://doi.org/10.3390/cells9112401.

Kaser, A. & Tilg, H. 2012. "Metabolic aspects" in inflammatory bowel diseases. *Current Drug Delivery*, 9(4): 326–32. https://doi.org/10.2174/156720112801323044.

Kennedy, E.A., King, K.Y. & Baldridge, M.T. 2018. Mouse microbiota models: comparing germ-free mice and antibiotics treatment as tools for modifying gut bacteria. *Frontiers in Physiology*, 9(1534). https://doi.org/10.3389/fphys.2018.01534.

Koh, A., De Vadder, F., Kovatcheva-Datchary, P. & Bäckhed, F. 2016. From dietary fiber to host physiology: short-chain fatty acids as key bacterial metabolites. *Cell*, 165(6): 1332–1345. https://doi.org/10.1016/j.cell.2016.05.041.

Koliarakis, I., Psaroulaki, A., Nikolouzakis, T.K., Kokkinakis, M., Sgantzos, M.N., Goulielmos, G., Androutsopoulos, V.P., Tsatsakis, A. & Tsiaoussis, J. 2018. Intestinal microbiota and colorectal cancer: a new aspect of research. *Journal of BOUN*, 23(5): 1216–1234.

Koppel, N., Maini Rekdal, V. & Balskus, E.P. 2017. Chemical transformation of xenobiotics by the human gut microbiota. *Science*, 356(6344): eaag2770. https://doi.org/10.1126/science.aag2770.

Leadbeater, A.J. 2014. Plant health management: fungicides and antibiotics. In: Van Alfen, N.K., ed. *Encyclopedia of Agriculture and Food Systems*, 408–424. Oxford, Academic Press. https://doi.org/10.1016/B978-0-444-52512-3.00179-0.

Lezmi, G. & Leite-De-Moraes, M. 2018. Invariant natural killer t and mucosal-associated invariant t cells in asthmatic patients. *Frontiers in Immunology*, 9(1766). https://doi.org/10.3389/fimmu.2018.01766.

Li, D., Gao, C., Zhang, F., Yang, R., Lan, C., Ma, Y. & Wang, J. 2020. Seven facts and five initiatives for gut microbiome research. *Protein & Cell,* 11(6): 391–400. https://doi.org/10.1007/s13238-020-00697-8.

Li, J.W., Fang, B., Pang, G.F., Zhang, M. & Ren, F.Z. 2019. Age- and diet-specific effects of chronic exposure to chlorpyrifos on hormones, inflammation and gut microbiota in rats. *Pesticide, Biochemistry and Physiology,* 159: 68–79. https://doi.org/10.1016/j.pestbp.2019.05.018.

Liang, Y., Zhan, J., Liu, D., Luo, M., Han, J., Liu, X., Liu, C., *et al.* 2019. Organophosphorus pesticide chlorpyrifos intake promotes obesity and insulin resistance through impacting gut and gut microbiota. *Microbiome,* 7(1): 19. https://doi.org/10.1186/s40168-019-0635-4.

Licht, T.R. & Bahl, M.I. 2019. Impact of the gut microbiota on chemical risk assessment. *Current Opinion in Toxicology,* 15: 109–113. https://doi.org/10.1016/j.cotox.2018.09.004.

Lin, L. & Zhang, J. 2017. Role of intestinal microbiota and metabolites on gut homeostasis and human diseases. *BMC Immunology,* 18(1): 2. https://doi.org/10.1186/s12865-016-0187-3.

Liu, Q., Shao, W., Zhang, C., Xu, C., Wang, Q., Liu, H., Sun, H., Jiang, Z. & Gu, A. 2017. Organochloride pesticides modulated gut microbiota and influenced bile acid metabolism in mice. *Environmental Pollution,* 226: 268–276. https://doi.org/10.1016/j.envpol.2017.03.068.

Louis, P., Hold, G.L. & Flint, H.J. 2014. The gut microbiota, bacterial metabolites and colorectal cancer. *Nature Reviews Microbiology,* 12(10): 661–72. https://doi.org/10.1038/nrmicro3344.

Lozano, V.L., Defarge, N., Rocque, L.M., Mesnage, R., Hennequin, D., Cassier, R., De Vendomois, J.S., *et al.* 2018. Sex-dependent impact of Roundup on the rat gut microbiome. *Toxicology Reports,* 5: 96–107. https://doi.org/10.1016/j.toxrep.2017.12.005.

Lozupone, C.A., Stombaugh, J.I., Gordon, J.I., Jansson, J.K. & Knight, R. 2012. Diversity, stability and resilience of the human gut microbiota. *Nature,* 489(7415): 220–230. https://doi.org/10.1038/nature11550.

Lukowicz, C., Ellero-Simatos, S., Regnier, M., Polizzi, A., Lasserre, F., Montagner, A., Lippi, Y., *et al.* 2018. Metabolic effects of a chronic dietary exposure to a low-dose pesticide cocktail in mice: sexual dimorphism and role of the constitutive androstane receptor. *Environmental Health Perspectives,* 126(6): 067007. https://doi.org/10.1289/EHP2877.

Lynch, S.V. & Pedersen, O. 2016. The human intestinal microbiome in health and disease. *New England Journal of Medicine,* 375(24): 2369–2379. https://doi.org/10.1056/NEJMra1600266.

Mansour, S.A. & Mossa, A-T.H. 2010. Oxidative damage, biochemical and histopathological alterations in rats exposed to chlorpyrifos and the antioxidant role of zinc. *Pesticide Biochemistry and Physiology,* 96(1): 14–23. https://doi.org/10.1016/j.pestbp.2009.08.008.

Mao, Q., Manservisi, F., Panzacchi, S., Mandrioli, D., Menghetti, I., Vornoli, A., Bua, L., *et al.* 2018. The Ramazzini Institute 13-week pilot study on glyphosate and Roundup administered at human-equivalent dose to Sprague Dawley rats: effects on the microbiome. *Environmental Health,* 17(1): 50. https://doi.org/10.1186/s12940-018-0394-x.

McBurney, M.I., Davis, C., Fraser, C.M., Schneeman, B.O., Huttenhower, C., Verbeke, K.,

Walter, J. & Latulippe, M.E. 2019. Establishing what constitutes a healthy human gut microbiome: state of the science, regulatory considerations, and future directions. *The Journal of Nutrition,* 149(11): 1882–1895. https://doi.org/10.1093/jn/nxz154.

Meijer, K., De Vos, P. & Priebe, M.G. 2010. Butyrate and other short-chain fatty acids as modulators of immunity: what relevance for health? *Current Opinion in Clinical Nutrition and Metabolic Care,* 13(6): 715–21. https://doi.org/10.1097/MCO.0b013e32833eebe5.

Mendler, A., Geier, F., Haange, S.B., Pierzchalski, A., Krause, J.L., Nijenhuis, I., Froment, J., *et al.* 2020. Mucosal-associated invariant T-Cell (MAIT) activation is altered by chlorpyrifos- and glyphosate-treated commensal gut bacteria. *Journal of Immunotoxicology,* 17(1): 10–20. https://doi.org/10.1080/1547691X.2019.1706672.

Meng, Z., Liu, L., Jia, M., Li, R., Yan, S., Tian, S., Sun, W., Zhou, Z. & Zhu, W. 2019. Impacts of penconazole and its enantiomers exposure on gut microbiota and metabolic profiles in mice. *J Agric Food Chem,* 67(30): 8303–8311. https://doi.org/10.1021/acs.jafc.9b02856.

Merten, C., Schoonjans, R., Di Gioia, D., Peláez, C., Sanz, Y., Maurici, D. & Robinson, T. 2020. Editorial: Exploring the need to include microbiomes into EFSA's scientific assessments. *EFSA Journal,* 18(6): e18061. https://doi.org/10.2903/j.efsa.2020.e18061.

Mesnage, R. & Antoniou, M.N. 2017. Facts and fallacies in the debate on glyphosate toxicity. *Frontiers in Public Health,* 5(316). https://doi.org/10.3389/fpubh.2017.00316.

Mesnage, R., Bernay, B. & Seralini, G. E. 2013. Ethoxylated adjuvants of glyphosate-based herbicides are active principles of human cell toxicity. *Toxicology,* 313(2–3): 122–8. https://doi.org/10.1016/j.tox.2012.09.006.

Miklossy, J. 2011. Alzheimer's disease - a neurospirochetosis. Analysis of the evidence following Koch's and Hill's criteria. *Journal of Neuroinflammation,* 8: 90. https://doi.org/10.1186/1742-2094-8-90.

Mims, T.S., Abdallah, Q.A., Stewart, J.D., Watts, S.P., White, C.T., Rousselle, T.V., Gosain, A., *et al.* 2021. The gut mycobiome of healthy mice is shaped by the environment and correlates with metabolic outcomes in response to diet. *Communications Biology,* 4(1): 281. https://doi.org/10.1038/s42003-021-01820-z.

Molly, K., Vande Woestyne, M. & Verstraete, W. 1993. Development of a 5-step multi-chamber reactor as a simulation of the human intestinal microbial ecosystem. *Applied Microbial and Cell Physiology,* 39(2): 254–8. https://doi.org/10.1007/BF00228615.

Morris-Schaffer, K. & Mccoy, M. J. 2021. A review of the ld50 and its current role in hazard communication. *ACS Chemical Health & Safety,* 28(1): 25-33. https://doi.org/10.1021/acs.chas.0c00096.

Morrison, D.J. & Preston, T. 2016. Formation of short chain fatty acids by the gut microbiota and their impact on human metabolism. *Gut Microbes,* 7(3): 189–200. https://doi.org/10.1080/19490976.2015.1134082.

Mukhopadhya, I., Segal, J.P., Carding, S.R., Hart, A.L. & Hold, G.L. 2019. The gut virome: the "missing link" between gut bacteria and host immunity? *Therapeutic Advances in Gastroenterology,* 12: 1756284819836620. https://doi.org/10.1177/1756284819836620.

Mulak, A. & Bonaz, B. 2015. Brain-gut-microbiota axis in Parkinson's disease. *World Journal of Gastroenterology,* 21(37): 10609–20. https://doi.org/10.3748/wjg.v21.i37.10609.

Nagpal, R., Neth, B.J., Wang, S., Mishra, S.P., Craft, S. & Yadav, H. 2020. Gut mycobiome and its interaction with diet, gut bacteria and alzheimer's disease markers in subjects with mild cognitive impairment: A pilot study. *EBioMedicine,* 59. https://doi.org/10.1016/j.ebiom.2020.102950.

Nallu, A., Sharma, S., Ramezani, A., Muralidharan, J. & Raj, D. 2017. Gut microbiome in chronic kidney disease: challenges and opportunities. *Translational Research,* 179: 24–37. https://doi.org/10.1016/j.trsl.2016.04.007.

NASDA. 2014. *National Pesticide Applicator Certification Core Manual.* In: *NASDA Foundation.* Cited 18 February 2022. https://www.nasda.org/foundation/pesticide-applicator-certification-and-training.

Nasuti, C., Coman, M.M., Olek, R.A., Fiorini, D., Verdenelli, M.C., Cecchini, C., Silvi, S., Fedeli, D. & Gabbianelli, R. 2016. Changes on fecal microbiota in rats exposed to permethrin during postnatal development. *Environmental Science and Pollutution Research,* 23(11): 10930–10937. https://doi.org/10.1007/s11356-016-6297-x.

Neis, E.P., Dejong, C.H. & Rensen, S.S. 2015. The role of microbial amino acid metabolism in host metabolism. *Nutrients,* 7(4): 2930–46. https://doi.org/10.3390/nu7042930.

Neish, A.S. 2009. Microbes in gastrointestinal health and disease. *Gastroenterology,* 136(1): 65–80. https://doi.org/10.1053/j.gastro.2008.10.080.

Nguyen, T.L., Vieira-Silva, S., Liston, A. & Raes, J. 2015. How informative is the mouse for human gut microbiota research? *Disease Models & Mechanisms,* 8(1): 1–16. https://doi.org/10.1242/dmm.017400.

Nielsen, L.N., Roager, H.M., Casas, M.E., Frandsen, H.L., Gosewinkel, U., Bester, K., Licht, T.R., Hendriksen, N.B. & Bahl, M.I. 2018. Glyphosate has limited short-term effects on commensal bacterial community composition in the gut environment due to sufficient aromatic amino acid levels. *Environmental Pollution,* 233: 364–376. https://doi.org/10.1016/j.envpol.2017.10.016.

Pasolli, E., Asnicar, F., Manara, S., Zolfo, M., Karcher, N., Armanini, F., Beghini, F., *et al.* 2019. Extensive unexplored human microbiome diversity revealed by over 150,000 genomes from metagenomes spanning age, geography, and lifestyle. *Cell,* 176(3): 649–662.e20. https://doi.org/10.1016/j.cell.2019.01.001.

Perez-Fernandez, C., Morales-Navas, M., Guardia-Escote, L., Garrido-Cardenas, J.A., Colomina, M.T., Gimenez, E. & Sanchez-Santed, F. 2020. Long-term effects of low doses of Chlorpyrifos exposure at the preweaning developmental stage: A locomotor, pharmacological, brain gene expression and gut microbiome analysis. *Food and Chemical Toxicology,* 135: 110865. https://doi.org/10.1016/j.fct.2019.110865.

Perez-Pardo, P., Kliest, T., Dodiya, H.B., Broersen, L.M., Garssen, J., Keshavarzian, A. & Kraneveld, A. D. 2017. The gut-brain axis in Parkinson's disease: Possibilities for food-based therapies. *European Journal of Pharmacology,* 817: 86–95. https://doi.org/10.1016/

j.ejphar.2017.05.042.

Perez, N.B., Dorsen, C. & Squires, A. 2019. Dysbiosis of the gut microbiome: a concept analysis. *Journal of Holistic Nursing,* 38(2): 223–232. https://doi.org/10.1177/0898010119879527.

Pitcher, M.C. & Cummings, J.H. 1996. Hydrogen sulphide: a bacterial toxin in ulcerative colitis? *Gut,* 39(1): 1. https://doi.org/10.1136/gut.39.1.1.

Pollock, J., Glendinning, L., Wisedchanwet, T. & Watson, M. 2018. The Madness of microbiome: attempting to find consensus "best practice" for 16s microbiome studies. *Applied and Environmental Microbiology,* 84(7): e02627–17. https://doi.org/10.1128/AEM.02627-17.

Requile, M., Gonzalez Alvarez, D.O., Delanaud, S., Rhazi, L., Bach, V., Depeint, F. & Khorsi-Cauet, H. 2018. Use of a combination of in vitro models to investigate the impact of chlorpyrifos and inulin on the intestinal microbiota and the permeability of the intestinal mucosa. *Environmental Science and Pollution Research,* 25(23): 22529–22540. https://doi.org/10.1007/s11356-018-2332-4.

Reygner, J., Joly Condette, C., Bruneau, A., Delanaud, S., Rhazi, L., Depeint, F., Abdennebi-Najar, L., *et al.* 2016a. Changes in composition and function of human intestinal microbiota exposed to chlorpyrifos in oil as assessed by the SHIME((R)) Model. *International Journal of Environmental Research and Public Health,* 13(11). https://doi.org/10.3390/ijerph13111088.

Reygner, J., Lichtenberger, L., Elmhiri, G., Dou, S., Bahi-Jaber, N., Rhazi, L., Depeint, F., *et al.* 2016b. Inulin supplementation lowered the metabolic defects of prolonged exposure to chlorpyrifos from gestation to young adult stage in offspring rats. *PLoS One,* 11(10): e0164614. https://doi.org/10.1371/journal.pone.0164614.

Rinninella, E., Raoul, P., Cintoni, M., Franceschi, F., Miggiano, G.A.D., Gasbarrini, A. & Mele, M. C. 2019. What is the healthy gut microbiota composition? a changing ecosystem across age, environment, diet, and diseases. *Microorganisms,* 7(1): 14. https://doi.org/10.3390/microorganisms7010014.

Roediger, W.E.W., Moore, J. & Babidge, W. 1997. colonic sulfide in pathogenesis and treatment of ulcerative colitis. *Digestive Diseases and Sciences,* 42(8): 1571–1579. https://doi.org/10.1023/A:1018851723920.

Roman, P., Cardona, D., Sempere, L. & Carvajal, F. 2019. Microbiota and organophosphates. *NeuroToxicology,* 75: 200–208. https://doi.org/10.1016/j.neuro.2019.09.013.

Rosenfeld, C.S. 2017. Gut dysbiosis in animals due to environmental chemical exposures. *Frontiers in Cellular and Infection Microbiology,* 7: 396–396. https://doi.org/10.3389/fcimb.2017.00396.

Rotterdam Convention. 2010a. How it works. In: *Rotterdam Convention.* Cited 18 February 2022. http://www.pic.int/TheConvention/Overview/Howitworks/tabid/1046/language/en-US/Default.aspx.

Rotterdam Convention. 2010b. The Prior Informed Consent (PIC) procedure. In: *Rotterdam Convention.* Cited 18 February 2022. http://www.pic.int/en-us/procedures/picprocedure.aspx.

Rudolph, U. 2008. GABAergic system. In: Offermanns, S. & Rosenthal, W., eds. *Encyclopedia* *of Molecular Pharmacology*, pp. 515–519. Berlin, Heidelberg, Springer Berlin Heidelberg. https://doi.org/10.1007/978-3-540-38918-7_61.

Rueda-Ruzafa, L., Cruz, F., Roman, P. & Cardona, D. 2019. Gut microbiota and neurological effects of glyphosate. *NeuroToxicology*, 75: 1–8. https://doi.org/10.1016/j.neuro.2019.08.006.

Santiago-Rodriguez, T.M. & Hollister, E.B. 2019. Human virome and disease: high-throughput sequencing for virus discovery, identification of phage-bacteria dysbiosis and development of therapeutic approaches with emphasis on the human gut. *Viruses*, 11(7). https://doi.org/10.3390/v11070656.

Sanz, Y., Nadal, I. & Sanchez, E. 2007. Probiotics as drugs against human gastrointestinal infections. *Recent Patents on Anti-Infective Drug Discovery*, 2(2): 148–156. http://dx.doi.org/10.2174/157489107780832596.

Serriari, N.E., Eoche, M., Lamotte, L., Lion, J., Fumery, M., Marcelo, P., Chatelain, D., *et al.* 2014. Innate mucosal-associated invariant T (MAIT) cells are activated in inflammatory bowel diseases. *Clinical and Experimental Immunology*, 176(2): 266–274. https://doi.org/10.1111/cei.12277.

Seth, R.K., Kimono, D., Alhasson, F., Sarkar, S., Albadrani, M., Lasley, S.K., Horner, R., *et al.* 2018. Increased butyrate priming in the gut stalls microbiome associated-gastrointestinal inflammation and hepatic metabolic reprogramming in a mouse model of Gulf War Illness. *Toxicology and Applied Pharmacology*, 350: 64–77. https://doi.org/10.1016/j.taap.2018.05.006.

Shehata, A.A., Schrodl, W., Aldin, A.A., Hafez, H.M. & Kruger, M. 2013. The effect of glyphosate on potential pathogens and beneficial members of poultry microbiota in vitro. *Current Microbiology*, 66(4): 350–8. https://doi.org/10.1007/s00284-012-0277-2.

Silva, M.H. & Beauvais, S.L. 2010. Human health risk assessment of endosulfan. I: Toxicology and hazard identification. *Regulatory Toxicology and Pharmacology*, 56(1): 4–17. https://doi.org/10.1016/j.yrtph.2009.08.013.

Sim, W.H., Wagner, J., Cameron, D.J., Catto-Smith, A.G., Bishop, R.F. & Kirkwood, C.D. 2010. Novel Burkholderiales 23S rRNA genes identified in ileal biopsy samples from children: preliminary evidence that a subtype is associated with perianal crohn's disease. *Journal of Clinical Microbiology*, 48(5): 1939. https://doi.org/10.1128/JCM.02261-09.

Stockholm Convention. 2020. All POPs listed in the Stockholm Convention. In: *Stockholm Convention*. Cited 19 February 2022. http://www.pops.int/TheConvention/ThePOPs/AllPOPs/tabid/2509/Default.aspx.

Struger, J., Grabuski, J., Cagampan, S., Sverko, E. & Marvin, C. 2016. Occurrence and distribution of carbamate pesticides and metalaxyl in Southern Ontario surface waters 2007-2010. *Bulletin of Environmental Contamination and Toxicology*, 96(4): 423–31. https://doi.org/10.1007/s00128-015-1719-x.

Tampakaki, A.P., Hatziloukas, E. & Panopoulos, N.J. 2009. Plant pathogens, bacterial. In Schaechter, M., ed. *Encyclopedia of Microbiology (Third Edition)*, pp. 655-677. Oxford,

Academic Press. https://doi.org/10.1016/B978-012373944-5.00346-1.

Tanca, A., Manghina, V., Fraumene, C., Palomba, A., Abbondio, M., Deligios, M., Silverman, M. & Uzzau, S. 2017. Metaproteogenomics reveals taxonomic and functional changes between cecal and fecal microbiota in mouse. *Frontiers in Microbiology,* 8(391). https://doi.org/10.3389/fmicb.2017.00391.

Tang, Q., Jin, G., Wang, G., Liu, T., Liu, X., Wang, B. & Cao, H. 2020a. Current sampling methods for gut microbiota: a call for more precise devices. *Frontiers in Cellular and Infection Microbiology,* 10(151). https://doi.org/10.3389/fcimb.2020.00151.

Tang, Q., Tang, J., Ren, X. & Li, C. 2020b. Glyphosate exposure induces inflammatory responses in the small intestine and alters gut microbial composition in rats. *Environmental Pollution,* 261: 114129. https://doi.org/10.1016/j.envpol.2020.114129.

Tirelli, V., Catone, T., Turco, L., Di Consiglio, E., Testai, E. & De Angelis, I. 2007. Effects of the pesticide clorpyrifos on an in vitro model of intestinal barrier. *Toxicology in Vitro,* 21(2): 308–13. https://doi.org/10.1016/j.tiv.2006.08.015.

Tremaroli, V. & Backhed, F. 2012. Functional interactions between the gut microbiota and host metabolism. *Nature,* 489(7415): 242–9. https://doi.org/10.1038/nature11552.

Tsiaoussis, J., Antoniou, M.N., Koliarakis, I., Mesnage, R., Vardavas, C.I., Izotov, B.N., Psaroulaki, A. & Tsatsakis, A. 2019. Effects of single and combined toxic exposures on the gut microbiome: Current knowledge and future directions. *Toxicology Letters,* 312: 72–97. https://doi.org/10.1016/j.toxlet.2019.04.014.

Tu, P., Gao, B., Chi, L., Lai, Y., Bian, X., Ru, H. & Lu, K. 2019. Subchronic low-dose 2,4-D exposure changed plasma acylcarnitine levels and induced gut microbiome perturbations in mice. *Scientific Reports,* 9(1): 4363. https://doi.org/10.1038/s41598-019-40776-3.

Turco, L., Catone, T., Caloni, F., Di Consiglio, E., Testai, E. & Stammati, A. 2011. Caco-2/TC7 cell line characterization for intestinal absorption: how reliable is this in vitro model for the prediction of the oral dose fraction absorbed in human? *Toxicology in Vitro,* 25(1): 13–20. https://doi.org/10.1016/j.tiv.2010.08.009.

Turner, P. V. 2018. The role of the gut microbiota on animal model reproducibility. *Animal Models and Experimental Medicine,* 1(2): 109–115. https://doi.org/10.1002/ame2.12022.

Uboh, F.E., Asuquo, E.N. & Eteng, M.U. 2011. Endosulfan-induced hepatotoxicity is route of exposure independent in rats. *Toxicology and Industrial Health,* 27(6): 483–8. http://doi.org/10.1177/0748233710387011.

USDA (United States Department of Agriculture). 2020. *Pesticide Data Program. Annual Summary, Calendar Year 2019.* In: *USDA Agricultural Marketing Service.* Cited 19 February 2022. https://www.ams.usda.gov/datasets/pdp.

Vandenberg, L.N., Blumberg, B., Antoniou, M.N., Benbrook, C.M., Carroll, L., Colborn, T., Everett, L.G., *et al.* 2017. Is it time to reassess current safety standards for glyphosate-based herbicides? *Journal of Epidemiology and Community Health,* 71(6): 613–618. https://doi.org/10.1136/jech-2016-208463.

Velmurugan, G. 2018. Gut microbiota in toxicological risk assessment of drugs and chemicals: The need of hour. *Gut Microbes,* 9(5): 465–468. https://doi.org/10.1080/19490976.2018. 1445955.

Velmurugan, G., Ramprasath, T., Swaminathan, K., Mithieux, G., Rajendhran, J., Dhivakar, M., Parthasarathy, A., *et al.* 2017. Gut microbial degradation of organophosphate insecticides-induces glucose intolerance via gluconeogenesis. *Genome Biology,* 18(1): 8. https://doi.org/10.1186/s13059-016-1134-6.

Wade, K. & Hall, L. 2020. Improving causality in microbiome research: can human genetic epidemiology help? [version 3; peer review: 2 approved]. *Wellcome Open Research,* 4(199). https://doi.org/10.12688/wellcomeopenres.15628.3.

Walter, J., Armet, A.M., Finlay, B.B. & Shanahan, F. 2020. Establishing or exaggerating causality for the gut microbiome: lessons from human microbiota-associated rodents. *Cell,* 180(2): 221–232. https://doi.org/10.1016/j.cell.2019.12.025.

Wang, H.P., Liang, Y.J., Long, D.X., Chen, J.X., Hou, W.Y. & Wu, Y.J. 2009. Metabolic profiles of serum from rats after subchronic exposure to chlorpyrifos and carbaryl. *Chemical Research in Toxicology,* 22(6): 1026–33. https://doi.org/10.1021/tx8004746.

Wang, Q., Garrity, G.M., Tiedje, J.M. & Cole, J.R. 2007. Naïve Bayesian classifier for rapid assignment of rRNA sequences into the new bacterial taxonomy. *Applied and Environmental Microbiology,* 73(16): 5261. https://doi.org/10.1128/AEM.00062-07.

WHO (World Health Organization). 2003. 2,4-D in drinking-water. Background document for development of WHO guidelines for drinking-water quality. WHO/SDE/WSH/03.04/70.

WHO. 2010. *The WHO recommended classification of pesticides by hazard and guidelines to classification 2009.* Geneva, WHO. https://apps.who.int/iris/handle/10665/44271.

WHO. 2018. Pesticide residues in food. In: *WHO Newsroom.* Cited 19 February 2022. https:// www.who.int/news-room/fact-sheets/detail/pesticide-residues-in-food.

WHO. 2021. Inventory of evaluations performed by the Joint Meeting on Pesticide Residues (JMPR). In: *WHO.* Cited 30 December 2021. https://apps.who.int/pesticide-residues-jmpr-database.

Williams, G.M., Kroes, R. & Munro, I.C. 2000. Safety evaluation and risk assessment of the herbicide Roundup and its active ingredient, glyphosate, for humans. *Regulatory Toxicology and Pharmacology,* 31(2 Pt 1): 117–65. https://doi.org/10.1006/rtph.1999.1371.

Wong, S.K., Chin, K.Y., Suhaimi, F.H., Fairus, A. & Ima-Nirwana, S. 2016. Animal models of metabolic syndrome: a review. *Nutrition & Metabolism,* 13: 65. https://doi.org/10.1186/s12986-016-0123-9.

Wos-Oxley, M., Bleich, A., Oxley, A.P., Kahl, S., Janus, L.M., Smoczek, A., Nahrstedt, H., *et al.* 2012. Comparative evaluation of establishing a human gut microbial community within rodent models. *Gut Microbes,* 3(3): 234–49. https://doi.org/10.4161/gmic.19934.

Wu, S., Jin, C., Wang, Y., Fu, Z. & Jin, Y. 2018a. Exposure to the fungicide propamocarb causes gut microbiota dysbiosis and metabolic disorder in mice. *Environmental Pollution,* 237: 775–

（续）

主要用途			相关文章		
检索词	加	加	生物医学信息数据库	科学引文数据库	斯高帕斯数据库
杀菌剂					
人体肠道微生物组	食品	杀菌剂	6	0	0
肠道微生物组	食品	杀菌剂	18	0	0
肠道微生物组		杀菌剂	56	0	0
胃肠微生物组		杀菌剂			0
微生物组		杀菌剂			3
抑菌剂					
人体肠道微生物组	食品	抑菌剂	0	0	
肠道微生物组	食品	抑菌剂	0	0	
肠道微生物组		抑菌剂	0	0	
驱鸟剂					
人体肠道微生物组	食品	驱鸟剂	0	0	
肠道微生物组	食品	驱鸟剂	0	0	
肠道微生物组		驱鸟剂	0	0	
化学品类别					
人体肠道微生物组	食品	化学品类别	33	0	1
肠道微生物组	食品	化学品类别	77	1	2
肠道微生物组		化学品类别	212	10	24
胃肠微生物组		化学品类别			24
化学不育剂					
人体肠道微生物组	食品	化学不育剂	0	0	
肠道微生物组	食品	化学不育剂	0	0	
肠道微生物组		化学不育剂	0	0	
熏蒸剂					
人体肠道微生物组	食品	熏蒸剂	0	0	
肠道微生物组	食品	熏蒸剂	0	0	
肠道微生物组		熏蒸剂	0	0	

（续）

主要用途			相关文章		
检索词	加	加	生物医学 信息数据库	科学引文 数据库	斯高帕斯 数据库
杀真菌剂					
人体肠道微生物组	食品	杀真菌剂	26	0	2
肠道微生物组	食品	杀真菌剂	34	0	2
肠道微生物组		杀真菌剂	108	6	12
胃肠微生物组		杀真菌剂			10
除草剂					
人体肠道微生物组	食品	除草剂	26	2	0
人体肠道微生物组		除草剂	56	5	5
肠道微生物组	食品	除草剂	34	3	1
肠道微生物组		除草剂			14
胃肠微生物组		除草剂			12
除草安全剂					
人体肠道微生物组	食品	除草安全剂	0	0	
肠道微生物组	食品	除草安全剂	0	0	
肠道微生物组		除草安全剂	0	0	
杀虫剂					
人体肠道微生物组	食品	杀虫剂	10	0	
肠道微生物组		杀虫剂	21	9	
肠道微生物组	食品	杀虫剂	19	2	
胃肠微生物组		杀虫剂			
昆虫引诱剂					
人体肠道微生物组	食品	昆虫引诱剂	0	0	
肠道微生物组	食品	昆虫引诱剂	2	0	
肠道微生物组		昆虫引诱剂	2	0	
驱虫药					
人体肠道微生物组	食品	驱虫药	0	0	
肠道微生物组	食品	驱虫药	0	0	
肠道微生物组		驱虫药	0	0	

（续）

主要用途			相关文章		
检索词	加	加	生物医学 信息数据库	科学引文 数据库	斯高帕斯 数据库
杀蜱剂					
人体肠道微生物组	食品	杀蜱剂	0	0	
肠道微生物组	食品	杀蜱剂	0	0	
肠道微生物组		杀蜱剂	0	0	
杀幼虫剂					
人体肠道微生物组	食品	杀幼虫剂	0	0	
肠道微生物组	食品	杀幼虫剂	0	0	
肠道微生物组		杀幼虫剂	0	1	
哺乳动物驱避剂					
人体肠道微生物组	食品	哺乳动物驱避剂	0	0	
肠道微生物组	食品	哺乳动物驱避剂	0	0	
肠道微生物组		哺乳动物驱避剂	1	0	
交配干扰剂					
人体肠道微生物组	食品	交配干扰剂	1	0	
肠道微生物组	食品	交配干扰剂	1	0	
肠道微生物组		交配干扰剂	3	0	
杀螨剂					
人体肠道微生物组	食品	杀螨剂	0	0	
肠道微生物组	食品	杀螨剂	0	0	
肠道微生物组		杀螨剂	0	1	
杀螺剂					
人体肠道微生物组	食品	杀螺剂	0	0	
肠道微生物组	食品	杀螺剂	0	0	
肠道微生物组		杀螺剂	1	0	
杀线虫剂					
人体肠道微生物组	食品	杀线虫剂	1	0	
肠道微生物组	食品	杀线虫剂	2	0	
肠道微生物组		杀线虫剂	0	0	

（续）

主要用途			相关文章		
检索词	加	加	生物医学信息数据库	科学引文数据库	斯高帕斯数据库
硝化抑制剂					
人体肠道微生物组	食品	硝化抑制剂	0	0	
肠道微生物组	食品	硝化抑制剂	0	0	
肠道微生物组		硝化抑制剂	0	0	
植物激活剂					
人体肠道微生物组	食品	植物活化剂	144	0	
肠道微生物组	食品	植物活化剂	277	1	
肠道微生物组		植物活化剂	457	1	
植物生长调节剂					
人体肠道微生物组	食品	植物生长调节剂	4	3	
肠道微生物组	食品	植物生长调节剂	7	4	
肠道微生物组		植物生长调节剂	16	5	
杀鼠剂					
人体肠道微生物组	食品	杀鼠剂	26	0	
肠道微生物组	食品	杀鼠剂	34	0	
肠道微生物组		杀鼠剂	108	0	
增效剂					
人体肠道微生物组	食品	增效剂	24	0	
肠道微生物组	食品	增效剂	56	0	
肠道微生物组		增效剂	105	1	
抗病毒剂					
人体肠道微生物组	食品	抗病毒剂	0	0	
肠道微生物组	食品	抗病毒剂	0	0	
肠道微生物组		抗病毒剂	0	0	

资料来源：作者自述。

在按农药主要用途类别进行初步搜索后，对特定农药进行了第二次搜索（附表1-3）。在这种情况下，排除"肠道""食品"和"人体"这三个词之后，进行再次搜索，预计还会找到更多相关文章。然而，这种方法搜索得到了许多与土壤、水和（或）植物微生物组相关文章[①]。搜索特定农药，在生物医学信息数据库中有245篇文章，科学引文数据库中有101篇文章。

附表1-3　在生物医学信息数据库和科学引文数据库中搜索特定农药的检索词和相关结果

杀虫剂			相关文章	
检索词	加	加	生物医学信息数据库	科学引文数据库
2,4-滴				
人体肠道微生物组	食品	2,4-滴	2	0
肠道微生物组	食品	2,4-滴	7	0
人体肠道微生物组		2,4-滴	3	1
微生物组		2,4-滴	17	3
涕灭威				
人体肠道微生物组	食品	涕灭威	0	0
肠道微生物组	食品	涕灭威	0	0
肠道微生物组		涕灭威	1	0
微生物组		涕灭威	1	1
多菌灵				
人体肠道微生物组	食品	多菌灵	0	0
肠道微生物组	食品	多菌灵	0	0
肠道微生物组		多菌灵	2	1
微生物组		多菌灵	10	2
毒死蜱				
人体肠道微生物组	食品	毒死蜱	9	0
肠道微生物组	食品	毒死蜱	11	2
肠道微生物组		毒死蜱	9	3
微生物组		毒死蜱	37	16
滴滴涕				
人体肠道微生物组	食品	滴滴涕	0	0
肠道微生物组	食品	滴滴涕	0	0
肠道微生物组		滴滴涕	0	1
微生物组		滴滴涕	8	2

[①]　与相关主题其他工作团队成员共享。

（续）

杀虫剂			相关文章	
检索词	加	加	生物医学信息数据库	科学引文数据库
溴氰菊酯				
人体肠道微生物组	食品	溴氰菊酯	0	0
肠道微生物组	食品	溴氰菊酯	0	0
肠道微生物组		溴氰菊酯	1	0
微生物组		溴氰菊酯	4	0
二嗪磷				
人体肠道微生物组	食品	二嗪磷	0	0
肠道微生物组	食品	二嗪磷	0	0
肠道微生物组		二嗪磷	2	9
微生物组		二嗪磷	2	9
硫丹				
人体肠道微生物组	食品	硫丹	1	0
肠道微生物组	食品	硫丹	1	0
肠道微生物组		硫丹	1	0
微生物组		硫丹	3	1
氟环唑				
人体肠道微生物组	食品	氟环唑	0	0
肠道微生物组	食品	氟环唑	0	0
肠道微生物组		氟环唑	1	1
微生物组		氟环唑	1	1
草甘膦				
人体肠道微生物组	食品	草甘膦	1	2
肠道微生物组	食品	草甘膦	2	4
人体肠道微生物组		草甘膦	9	4
微生物组		草甘膦	51	27
六氯环己烷				
人体肠道微生物组	食品	六氯环己烷	1	0
肠道微生物组	食品	六氯环己烷	1	0
肠道微生物组		六氯环己烷	2	1
微生物组		六氯环己烷	12	2

（续）

杀虫剂			相关文章	
检索词	加	加	生物医学信息数据库	科学引文数据库
抑霉唑				
人体肠道微生物组	食品	抑霉唑	0	0
肠道微生物组	食品	抑霉唑	0	0
肠道微生物组		抑霉唑	3	0
微生物组		抑霉唑	4	0
马拉硫磷				
人体肠道微生物组	食品	马拉硫磷	0	0
肠道微生物组	食品	马拉硫磷	0	0
肠道微生物组		马拉硫磷	1	1
微生物组		马拉硫磷	5	1
久效磷				
人体肠道微生物组	食品	久效磷	0	0
肠道微生物组	食品	久效磷	0	0
肠道微生物组		久效磷	0	0
微生物组		久效磷	1	0
戊菌唑				
人体肠道微生物组	食品	戊菌唑	1	0
肠道微生物组	食品	戊菌唑	1	0
肠道微生物组		戊菌唑	1	0
微生物组		戊菌唑	3	0
氯菊酯				
人体肠道微生物组	食品	氯菊酯	0	0
肠道微生物组	食品	氯菊酯	0	0
肠道微生物组		氯菊酯	2	1
微生物组		氯菊酯	5	3
霜霉威				
人体肠道微生物组	食品	霜霉威	0	0
肠道微生物组	食品	霜霉威	0	0
肠道微生物组		霜霉威	2	1
微生物组		霜霉威	3	1

资料来源：作者自述。

前两类（农药主要用途和农药单剂）中分析的一些文章表明，农药暴露造成的对健康的负面影响不仅取决于活性成分，还可能与商业制剂中的佐剂有关。此外，鉴于人们对多种农药残留的共同暴露越来越感兴趣，搜索查询中还包括一种或多种农药混合物（附表1-4）。这次搜索采用了与之前相同的查询方法，增加了"膳食暴露"一词，搜索得到在生物医学信息数据库上发表的314篇文章，在科学引文数据库上发表的114篇文章。然而，这些文章大多是重复的。

附表1-4　在生物医学信息数据库和科学引文数据库中
搜索混配农药的检索词和相关结果

检索词	加	加	相关文章	
			生物医学信息数据库	科学引文数据库
人体肠道微生物组	食品	农药制剂	1	0
肠道微生物组	食品	农药制剂	1	0
肠道微生物组		农药制剂	3	1
胃肠道微生物组		农药制剂	2	0
人体肠道微生物组		农药制剂	1	0
人体肠道微生物组	食品	混合液	0	0
肠道微生物组	食品	混合液	0	0
肠道微生物组		混合液	0	0
胃肠道微生物组		混合液	0	0
人体肠道微生物组		混合液	0	0
人体肠道微生物组	食品	混合物	22	1
肠道微生物组	食品	混合物	32	4
肠道微生物组		混合物	101	61
胃肠道微生物组		混合物	76	13▼
人体肠道微生物组		混合物	45	20*
人体肠道微生物组	食品	混配农药	2	1
肠道微生物组	食品	混配农药	4	1
肠道微生物组		混配农药	5	2
胃肠道微生物组		混配农药	5	2
人体肠道微生物组		混配农药	3	2

（续）

检索词	加	加	相关文章	
			生物医学信息数据库	科学引文数据库
人体肠道微生物组	食品	农药混合物	1	0
肠道微生物组	食品	农药混合物	1	0
肠道微生物组		农药混合物	2	0
胃肠道微生物组		农药混合物	2	0
人体肠道微生物组		农药混合物	1	0
人体肠道微生物组	食品	混合残留物	0	0
肠道微生物组	食品	混合残留物	0	0
肠道微生物组		混合残留物	0	0
胃肠道微生物组		混合残留物	0	0
人体肠道微生物组		混合残留物	0	0
膳食暴露		农药混合物	4	6

▼在前三次查询搜索后，使用"胃肠道微生物组"和"混合物"在科学引文数据库找到了两篇新文章。

*"人类肠道微生物组"和"混合物"的查询搜索结果与前三次重复。

资料来源：作者自述。

最后，根据农药化学品类型分类进行了文献检索（附表1-5）。搜索查询遵循与农药主要用途类别相同的结构。这次搜索得到在生物医学信息数据库上发表的141篇文章和在科学引文数据库上发表的23篇文章。

附表1-5　在生物医学信息数据库和科学引文数据库中
搜索农药化学品类型的检索词和相关结果

化学品类型			相关文章	
检索词	加	加	生物医学信息数据库	科学引文数据库
砷化合物				
肠道微生物组	农药	砷	6	3
胃肠道微生物组	农药	砷	5	0
肠道微生物组	农药	砷化合物	6	2
肠道微生物组	食品	砷化合物	6	3

（续）

| 化学品类型 | | | 相关文章 | |
检索词	加	加	生物医学信息数据库	科学引文数据库
联吡啶衍生物				
肠道微生物组	农药	联吡啶	0	0
胃肠道微生物组	农药	联吡啶	0	0
肠道微生物组	农药	联吡啶衍生物	0	0
肠道微生物组	食品	联吡啶衍生物	0	0
氨基甲酸酯				
肠道微生物组	农药	氨基甲酸酯	9	2
胃肠道微生物组	农药	氨基甲酸酯	8	0
肠道微生物组	食品	氨基甲酸酯	5	0
铜化合物				
肠道微生物组	农药	铜	2	0
胃肠道微生物组	农药	铜	2	0
肠道微生物组	农药	铜化合物	0	0
肠道微生物组	食品	铜化合物	0	1
香豆素衍生物				
肠道微生物组	农药	香豆素	0	0
胃肠道微生物组	农药	香豆素	0	0
肠道微生物组	农药	香豆素衍生物	0	0
肠道微生物组	食品	香豆素衍生物	0	0
杂环型的				
肠道微生物组	农药	杂环型的	1	0
胃肠道微生物组	农药	杂环型的	1	0
肠道微生物组	食品	杂环型的	10	3
汞化合物				
肠道微生物组	农药	汞	4	2
胃肠道微生物组	农药	汞	2	0
肠道微生物组	农药	汞化合物	0	0
肠道微生物组	食品	汞化合物	0	0

（续）

化学品类型			相关文章	
检索词	加	加	生物医学信息数据库	科学引文数据库
硝基苯酚衍生物				
肠道微生物组	农药	硝基苯酚	0	0
胃肠道微生物组	农药	硝基苯酚	0	0
肠道微生物组	农药	硝基苯酚衍生物	0	0
肠道微生物组	食品	硝基苯酚衍生物	0	0
有机氯化合物				
肠道微生物组	农药	有机氯	3	3
胃肠道微生物组	农药	有机氯	2	1
肠道微生物组	农药	有机氯化合物	4	1
肠道微生物组	食品	有机氯化合物	11	1
有机磷化合物				
肠道微生物组	农药	有机磷	3	2
胃肠道微生物组	农药	有机磷	3	0
肠道微生物组	农药	有机磷化合物	22	2
肠道微生物组	食品	有机磷化合物	24	0
有机硫磷				
肠道微生物组	农药	有机硫磷	1	0
胃肠道微生物组	农药	有机硫磷	1	0
肠道微生物组	食品	有机硫磷	1	0
有机锡化合物				
肠道微生物组	农药	有机锡	0	0
胃肠道微生物组	农药	有机锡	0	0
肠道微生物组	农药	有机锡化合物	0	0
肠道微生物组	食品	有机锡化合物	0	0
苯氧乙酸衍生物				
肠道微生物组	农药	苯氧乙酸	0	0
胃肠道微生物组	农药	苯氧乙酸	0	0
肠道微生物组	农药	苯氧乙酸衍生物	0	0
肠道微生物组	食品	苯氧乙酸衍生物	0	0

（续）

化学品类型			相关文章	
检索词	加	加	生物医学信息数据库	科学引文数据库
吡唑				
肠道微生物组	农药	吡唑	0	0
胃肠道微生物组	农药	吡唑	0	0
肠道微生物组	食品	吡唑	0	0
拟除虫菊酯				
肠道微生物组	农药	拟除虫菊酯	4	0
胃肠道微生物组	农药	拟除虫菊酯	4	0
肠道微生物组	食品	拟除虫菊酯	0	0
硫代氨基甲酸酯				
肠道微生物组	农药	硫代氨基甲酸酯	0	0
胃肠道微生物组	农药	硫代氨基甲酸酯	0	0
肠道微生物组	食品	硫代氨基甲酸酯	0	0
三嗪衍生物				
肠道微生物组	农药	三嗪	2	0
胃肠道微生物组	农药	三嗪	2	0
肠道微生物组	农药	三嗪衍生物	0	0
肠道微生物组	食品	三嗪衍生物	0	0

资料来源：作者自述。

附录2

研究发现

附表2-1　关于2,4-滴对肠道微生物组以及对宿主健康影响的实验研究概要

农药残留联合专家会议规定每日允许摄入量：0 ～ 0.01毫克/千克
急性参考剂量：无必要
使用：除草剂

研究报告剂量	模型	样本量	周期	方法	对肠道微生物群的影响	对健康的影响	参考文献
在饮用水中用药量为百万分之一[约0.26毫克/（千克·天）]	小鼠C57BL/6（雄性）	每组5只	14周（第4周时也采集了粪便样本）	>16S rRNA（V4）基因测序 >鸟枪法宏基因组测序（粪便） >代谢组学分析（LC-MSQ-TOF）（粪便）	干扰肠道微生物的构成： 增加：拟杆菌门、绿菌门、绿弯菌门、螺旋体属和热袍菌门；天蓝色链霉菌、扭脱甲基杆菌和产乙烯脱卤拟球菌 宏基因组分析： 通路改变：尿素降解、氨基酸代谢和碳水化合物利用 代谢谱（粪便）出现6 394个分子干扰（如前列腺素、氮代谢物）	—	（Tu等，2019）

资料来源：作者自述。

附表2-2 关于涕灭威对肠道微生物组以及对宿主健康影响的实验研究概要

农药残留联合专家会议规定每日允许摄入量：0 ～ 0.003毫克/千克
急性参考剂量：0.003毫克/千克
使用：除螨剂，杀螨剂，杀虫剂，杀线虫剂

研究报告剂量	模型	样本量	周期	方法	对肠道微生物群的影响	对健康的影响	参考文献
在饮用水中用药量为百万分之二[约0.3毫克/（千克·天）]	小鼠C57BL/6（雄性）	每组5只	13周	>16S rRNA（V4）测序 >鸟枪法宏基因组测序（粪便） >代谢组学和脂质组学（粪便、肝脏、大脑）	增加：丹毒丝菌科；梭菌、脱卤素杆菌属、粪球菌属、颤螺菌属、瘤胃球菌属 减少：克里斯滕森菌科、梭菌科（完全耗尽）、红蝽菌科、消化链球菌科、粪厌氧棒杆菌属、罗斯氏菌属	>血脂谱改变 >脑代谢紊乱	（Gao等，2019）

资料来源：作者自述。

附表2-3 关于多菌灵对肠道微生物组以及对宿主健康影响的实验研究概要

农药残留联合专家会议规定每日允许摄入量：0 ～ 0.03毫克/千克
急性参考剂量：0.1毫克/千克
使用：杀真菌剂

研究报告剂量	模型	样本量	周期	方法	对肠道微生物群的影响	对健康的影响	参考文献
在饮食中用药量为100或500毫克/（千克·天）	小鼠ICR（雄性）	每组15只接受用药	4周（每组第8天和第28天分别死亡7或8只）（每2天收集粪便）	>16S rRNA（V3 ～ V4）基因测序 >基因表达分析（肝脏） >粪便短链脂肪酸 >组织化学（肠）	>肠道微生物群的丰富度和多样性显著降低； 增加：厚壁菌门、变形菌门和放线菌门；脱硫弧菌科、毛螺菌科和瘤胃球菌科 减少：拟杆菌门；拟杆菌科、克里斯滕森菌科、副普雷沃氏菌科、紫单胞菌科、普雷沃菌科和理研菌科	肝脏代谢紊乱：肝脏脂质和甘油三酯堆积，肝脏炎症反应	（Jin等，2015）

（续）

研究报告剂量	模型	样本量	周期	方法	对肠道微生物群的影响	对健康的影响	参考文献
溶解在醋酸和饮用水中，0.5、1.5毫克/（千克·天）	小鼠C57BL/6（雄性）	每组8只	14周（第1周每隔1天收集1次粪便，剩余时间每周收集1次）	>16S rRNA基因测序 >基因表达分析（不同组织） >组织化学分析（脂肪、肝脏、结肠）	增加：放线菌 减少：拟杆菌门、疣微菌门 厚壁菌门和变形菌门无变化	脂质代谢紊乱，高脂血症，炎症反应	（Jin等，2018b）

资料来源：作者自述。

附表2-4　关于毒死蜱对肠道微生物组以及对宿主健康影响的实验研究概要

农药残留联合专家会议规定每日允许摄入量：0 ～ 0.01毫克/千克
急性参考剂量：0.1毫克/千克
使用：杀虫剂

研究报告剂量	模型	样本量	周期	方法	对肠道微生物群的影响	对健康的影响	参考文献
1毫克/天	SHIME®		30天	标准微生物学技术	增加：拟杆菌属和肠球菌属 减少：双歧杆菌属和乳酸菌属		（Joly等，2013）
通过口部填喂，1毫克/（千克·天）	汉诺威Wistar大鼠（雌性和幼鼠）	每组10只	通过母体暴露的幼崽：妊娠第0天至产后第21天 填喂：产后第21～60天	标准微生物学技术	轻微增加：肠球菌属 减少：乳酸杆菌属和双歧杆菌属	—	

（续）

研究报告剂量	模型	样本量	周期	方法	对肠道微生物群的影响	对健康的影响	参考文献
通过子宫和母乳填喂，1或5毫克/（千克·天）	汉诺威Wistar大鼠妊娠的雌性；雄性幼崽	雌性剂量组和对照组各6只 幼崽 产后21天：对照组和毒死蜱1毫克/（千克·天）组各10只；毒死蜱5毫克/（千克·天）组8只 幼崽 产后60天：对照组和毒死蜱1毫克/（千克·天）组各10只；毒死蜱5毫克/（千克·天）组9只	从妊娠到断奶（产后21天）和一直到成年（产后60天）	16S rRNA基因实时荧光定量聚合酶链式反应，以及培养方法	肠道微生物紊乱——在培养过程中发现的大量变化，取决于物种、小鼠年龄、位置（回肠、盲肠、结肠）、毒死蜱剂量、分析方法 使用培养方法的发现：产后21天增加：需氧和厌氧细菌（回肠），梭菌、葡萄球菌（回肠、盲肠、结肠）减少：双歧杆菌（产后21天回肠，产后60天结肠）、乳酸菌（所有年龄段，所有肠道段）分子方法：增加：柔嫩梭菌（产后60天结肠）减少：拟杆菌/普雷沃氏菌属（产后60天回肠）	在幼鼠中，肠道发育紊乱，包括涉及营养吸收结构的形态改变、黏膜屏障（黏蛋白-2）的改变、先天免疫系统的刺激、细菌移位的增加	（Joly Condette等，2015）
0.3毫克/（千克·天）通过填喂法（常脂或高脂饮食）	Wistar雄鼠（断奶幼崽和成年鼠）	每组6只	幼崽：25周 成年体：20周	>16S rRNA（V3～V4）基因测序	成年体常脂饮食：增加：链球菌、瘤胃球菌梭菌、红蝽菌科 减少：罗姆布茨菌、苏黎世杆菌属和梭菌 成年体高脂饮食：增加：大肠埃氏菌属-志贺氏菌 耗尽：瘤胃球菌科、颤杆菌、类产碱杆菌属和消化球菌属 幼崽高脂饮食：增加：粪杆菌属、副萨特菌属、丹毒丝菌科、红蝽菌科、消化球菌属、短杆菌属 减少：克里斯滕森菌科、瘤胃球菌科、[真杆菌属]产粪甾醇真细菌群、瘤胃球菌科、嗜褐藻污水杆菌科、毛螺菌科、优杆菌属、红蝽菌科	内分泌功能和炎症的改变（有可能干扰中枢神经系统）可能与不孕症和结肠炎有关	（Li等，2019）

（续）

研究报告剂量	模型	样本量	周期	方法	对肠道微生物群的影响	对健康的影响	参考文献
5毫克/（千克·天）通过填喂法（常脂或高脂饮食）	小鼠C57Bl/6和CD-1（ICR）（雄性）	每组8只	12周	>16S rRNA（V4～V5）基因测序 >再定殖研究	无脂饮食： 增加：变形菌门 减少：拟杆菌门	>有炎症相关疾病、肥胖和糖尿病的风险 >遗传背景和饮食模式对毒死蜱的结果影响有限	（Liang等，2019）
0.3或3毫克/（千克·天），通过口部填喂法并结合常脂或高脂饮食	Wistar大鼠（雄性）	每组6只	9周	>16S rRNA基因测序	常脂饮食：12个细菌属受影响 低剂量： 增加：异杆菌属、暂定假丝酵母菌属、粪球菌属、厌氧支原体属、罗斯氏菌和萨特氏菌属 减少：假解黄酮菌属、厌氧孢子杆菌属、气球菌属、短波单胞菌属和束毛球菌属 高剂量： 减少：假解黄酮菌属、厌氧孢子杆菌属、气球菌属、短波单胞菌属、束毛球菌属和拟杆菌属 高脂饮食：13个细菌属受影响 两种剂量： 增加：萨特氏菌属和暂定分节丝状菌属 减少：欧陆森氏菌属、严格的厌氧芽孢杆菌、双芽孢杆菌属、肠杆菌属和拟普雷沃氏菌属 低剂量： 增加：不动杆菌属、布劳特氏菌属和颤杆菌属 减少：瘤胃球菌属和噬糖厌氧产氢杆菌 高剂量： 增加：假单胞菌	根据毒死蜱暴露后微生物群多样性的变化，确定了潜在的健康问题 >患肥胖症和糖尿病的风险增加 >与神经毒性相关的细菌、β细胞功能障碍和胰腺损伤增加 常脂饮食-低剂量：最大的代谢变化，表现出促肥胖表型	（Fang等，2018）

（续）

研究报告剂量	模型	样本量	周期	方法	对肠道微生物群的影响	对健康的影响	参考文献
1或3.5毫克/(千克•天)，通过填喂法，有或无菊粉摄入（饮用水中10克/升）	Wistar大鼠（母鼠和雄性幼崽）	每个试验组5或6只，对照组5只	从妊娠至（产后21天）幼崽通过喂食毒死蜱的母鼠而暴露于毒死蜱 雄性幼崽从产后21天到产后60天一直被喂食毒死蜱	>16S RNA定量聚合酶链反应分析	毒死蜱：减少：厚壁菌门、球形梭菌群 毒死蜱3.5毫克/(千克•天)＋菊粉增加：球形梭菌群	>有患糖尿病的风险 >幼崽到成年：代谢受损导致胰岛素和脂质失调 >毒死蜱和菊粉均不影响母鼠的体重增加、食物或水的摄入量，且无胆碱能毒性 毒死蜱：体重减少（食物和水的摄入量无差异）	(Reygner等，2016b)
玉米油1毫克/(千克•天)	*Mus musculus*型小鼠（雄性）	每组5只	30天	>16S rRNA基因测序	增加：拟杆菌门、拟杆菌科 减少：厚壁菌门、乳杆菌科	代谢谱的改变：肠道炎症和肠道通透性异常	(Zhao等，2016)

（续）

研究报告剂量	模型	样本量	周期	方法	对肠道微生物群的影响	对健康的影响	参考文献
3.5毫克/天毒死蜱	SHIME® Caco-2/TC7细胞培养	每个样本3只	15天和30天	>标准的微生物学技术 >短链脂肪酸 >基因表达（Caco-2/TC细胞）	减少：乳酸菌和双歧杆菌属	改变了黏膜屏障的活性和潜在的炎症	（Requile 等，2018）
毒死蜱3.5毫克/天+菊粉10克/天						>农药触发的促炎信号被益生元完全抑制	
1毫克/天溶解在菜籽油中	SHIME®		15天和30天	>传统的细菌培养和分子生物学方法 >16S rRNA基因，使用细菌群的特异性引物	组成 毒死蜱-油暴露： 减少：在第15天时的双歧杆菌种群 增加：在第30天时的大肠杆菌计数 平板培养技术： 增加：在第15天和第30天的拟杆菌属，梭菌属和肠道菌种群 减少：在第30天时的双歧杆菌计数 多样性： 到第15天细菌总数改变；以及在30天对双歧杆菌数量产生影响 代谢物： 发酵活性改变	—	（Reygner 等，2016a）

（续）

研究报告剂量	模型	样本量	周期	方法	对肠道微生物群的影响	对健康的影响	参考文献
1毫克/（千克·天）	ApoE4-TR、apoE3-TR和C57BL/6小鼠的幼鼠（雄性）	每组6只	6天（产后10天至产后15天）	16S rRNA基因（V3～V4）测序	>变化取决于宿主基因和环境因素 >不同分类水平下基因型的差异，其中ApoE4在微生物比例存在差异 >变形菌门各属存在差异：螺杆菌、大肠杆菌、肠杆菌和沙雷氏菌等 ApoE4-TR： >对肠道微生物群组成最为敏感 >门的变化 　疣微菌门改变：（+相对于其他类群）嗜黏蛋白阿克曼菌 　增加：红嗜热盐菌属 C57BL/6： 　减少：链球菌	遗传和环境对大脑中短链脂肪酸的组成产生影响，并对认知功能有潜在影响 ApoE3短链脂肪酸增幅高于其他（乙酸、丁酸和丙酸） ApoE4不变	（Guardia-Escote等，2020）
通过口部填喂法在玉米油里稀释，1毫克/（千克·毫升·天）	Wistar大鼠幼崽（雄性和雌性）	每组5只动物	6天（产后10天至产后15天）	16S rRNA基因（V3～V4）测序	>在属和种水平上的紊乱 　增加：厌氧分支菌属、包柔氏螺旋体、短波单胞菌属、丁酸弧菌属、艰难杆菌属和金黄色外海球菌 　减少：暂定结核菌属（Candidatus contubernalis）、生丝微菌属、栖苏打菌属、副球菌属、根瘤菌属和福格斯氏菌属	>性别二型性效应 >暴露后几个月： 　增加：自发活动，增加：对应激动的运动反应（雌性），在抗毒蕈碱和氨基丁酸刺激下的超敏反应（主要在雌性），分别位于背侧纹状体和额叶皮层的M2受体和GABA-A-α2亚基基因转录上调	（Perez-Fernandez等，2020）

（续）

研究报告剂量	模型	样本量	周期	方法	对肠道微生物群的影响	对健康的影响	参考文献
50、100或200微摩	培养的细菌：大肠杆菌、青春双歧杆菌、罗伊氏黏液乳杆菌	每组6只	16小时	>核黄素和叶酸分析 >LCMS/MS蛋白质组学分析（大肠杆菌） >MAIT细胞活化试验和流式细胞仪计数	>细菌代谢改变 >无生长抑制	潜在的炎症免疫反应	（Mendler等，2020）

资料来源：作者自述。

附表2-5　关于溴氰菊酯对肠道微生物组以及对宿主健康影响的实验研究概要

农药残留联合专家会议规定每日允许摄入量：0 ～ 0.01毫克/千克
急性参考剂量：0.05毫克/千克
使用：杀虫剂

研究报告剂量	模型	样本量	周期	方法	对肠道微生物群的影响	对健康的影响	参考文献
21微克/毫升=21毫克/千克	体外串联发酵罐和Caco-2/TC7细胞培养	每组5个重复	发酵罐内24小时培养皿内4小时	微生物挥发物组学、元转录组	未研究微生物群的组成 增加：硫化合物 减少：酮化合物（2,2,4,4-四甲基-3-戊酮肟） >功能失调	促炎性肠道反应	（Defois等，2018）

资料来源：作者自述。

附表2-6　关于二嗪磷对肠道微生物组以及对宿主健康影响的实验研究概要

农药残留联合专家会议规定每日允许摄入量：0 ～ 0.005毫克/千克
急性参考剂量：0.03毫克/千克
使用：除螨剂、杀螨剂、杀虫剂

研究报告剂量	模型	样本量	周期	方法	对肠道微生物群的影响	对健康的影响	参考文献
饮用水中百万分之4估计值：0.6毫克/（千克·天）	小鼠C57BL/6（雄鼠）	每组5只	13周	元转录组测序	调节群体感应系统 激活应激反应通路 损害能量代谢	—	（Gao等，2017a）

（续）

研究报告剂量	模型	样本量	周期	方法	对肠道微生物群的影响	对健康的影响	参考文献
每升饮用水中的4毫克估计值：0.6毫克/（千克·天）	小鼠 C57BL/6（雄性和雌性）	每组5只	13周	16S rRNA（V4）基因测序、宏基因组学测序、基于MS的代谢组学	性别特异性微生物变化，雄性反应更强 雌性： 增加：毛螺菌科（约翰森氏菌属） 减少：毛螺菌科、疣微菌科、梭菌科和丹毒丝菌科 雄性： 增加：拟杆菌科、拟杆菌属、拟杆菌目、伯克霍尔德氏菌目、梭菌科和丹毒丝菌科（粪芽孢菌属） 减少：毛螺菌科（约翰森氏菌属）、拟杆菌 完全抑制：毛螺菌科（丁酸弧菌属）、毛螺菌科（沙特尔沃思菌属）、葡萄球菌科（葡萄球菌）	潜在的神经毒性	（Gao等，2017b）

资料来源：作者自述。

附表2-7　关于硫丹对肠道微生物组以及对宿主健康影响的实验研究概要

农药残留联合专家会议规定每日允许入量：0～0.006毫克/千克
急性参考剂量：每千克体重用药量为0.02毫克/千克
使用：除螨剂、杀螨剂中、杀虫剂

研究报告剂量	模型	样本量	周期	方法	对肠道微生物群的影响	对健康的影响	参考文献
通过口部填喂法 0、0.5和3.5毫克/（千克·天）	小鼠（Mus musculus, ICR）（雄性）	每组6只	2周	尿液代谢组学（H-NMR）血清代谢组学（HPLC-MS/MS）	改变肠道微生物群的新陈代谢	与微生物组无关：改变氨基酸、能量和脂质代谢	（Zhang等，2017）

资料来源：作者自述。

附表2-8 关于氟环唑对肠道微生物组以及对宿主健康影响的实验研究概要

使用：杀真菌剂							
研究报告剂量	模型	样本量	周期	方法	对肠道微生物群的影响	对健康的影响	参考文献
饮食中0、4或100毫克/（千克·天）	Sprague–Dawley大鼠（雌性）	每组10只	90天（约13周）	16S rRNA（V4～V5）基因测序	增加：拟杆菌、变形菌门；毛螺菌科、肠杆菌科和拟杆菌科（高剂量） 减少：厚壁菌门；乳杆菌科（高剂量）	潜在的肝脏毒性（无明确因果关系）	（Xu等，2015）

资料来源：作者自述。

附表2-9 关于草甘膦对肠道微生物组以及对宿主健康影响的实验研究概要

农药残留联合专家会议规定每日允许摄入量：0～1毫克/千克 急性参考剂量：不需要 使用：除草剂								
农药	研究报告剂量	模型	样本量	周期	方法	对肠道微生物群的影响	对健康的影响	参考文献
农达®	饮用水中掺入十亿分之0.1、百万分之400和百万分之5 000的农达杀虫剂（草甘膦含量分别为~50纳克/升、0.1克/升 和2.25克/升，估计值：0.000 002 5、5、112.5毫克/（千克·天）	Sprague–Dawley大鼠（雄鼠和雌鼠）	每个剂量3只	>2年>在673天后采集的样本（~96周或1.8年）	16S rRNA（V2、V3、V4、V6、V7、V8、V9）基因测序 传统培养方法	性别特异性变化 >雄鼠： 减少：厚壁菌门 >雌鼠： 增加：拟杆菌门 减少：厚壁菌门、乳杆菌科 >体外生长抑制：双歧杆菌、梭状芽胞杆菌和肠球菌在百万分之400，乳酸杆菌在百万分之5 000 对大肠菌群没有生长抑制作用	肝功能异常	（Lozano等，2018）
草甘膦和Glyfonova®（活性成分：草甘膦）	通过口部填喂法2.5或25毫克/（千克·天）草甘膦或25毫克/（千克·天）Glyfonova®[草甘膦酸当量（NOVA）]	Sprague–Dawley大鼠	每组20只	2周	16S rRNA（V3）基因测序短链脂肪酸（粪便、盲肠）	无明显变化	非常有限的影响，取决于芳香族氨基酸的可用性	（Nielsen等，2018）

（续）

农药	研究报告剂量	模型	样本量	周期	方法	对肠道微生物群的影响	对健康的影响	参考文献
草甘膦和农达®（活性成分：草甘膦）	在饮用水中，1.75毫克/（千克·天）	Sprague-Dawley大鼠母鼠和幼崽（雄性和雌性）	草甘膦组13.3（范围11至17）农达组13.9（范围11至16）	妊娠6天至产后125天	16S rRNA（V3～V4）基因测序	微生物组的变化主要发生在产后31天 增加：拟杆菌门（普雷沃氏菌）、脱铁杆菌门（黏液螺菌科） 减少：厚壁菌门（乳酸菌）、变形杆菌门（凝聚杆菌属） 农达® 增加：拟杆菌门（副拟杆菌属）、厚壁菌门（韦荣球菌属） 增加：厚壁菌门（梭状芽胞杆菌、布劳特氏菌属）、放线菌（放线菌、罗氏菌属和双歧杆菌）	生命发育早期暴露可能会塑造肠道微生物群	（Mao等，2018）
草甘膦和农达®	5毫克/（千克·天）草甘膦；农达®饮食中5毫克/（千克·天）的草甘膦当量	Sprague-Dawley大鼠（怀孕雌鼠）	每个剂量7只	妊娠10天至哺乳期22天（约34天）	16S rRNA（V3～V4）基因测序	二者都减少：疣微菌科 农达®： 增加：拟杆菌门、丹毒丝菌科、拟普雷沃氏菌属和苏黎世杆菌属 减少：厚壁菌门、毛螺菌科 草甘膦： 减少：丁酸球菌属	母鼠行为和神经可塑性调节（未评估肠道微生物群的影响）	（Dechartres等，2019）

（续）

农药	研究报告剂量	模型	样本量	周期	方法	对肠道微生物群的影响	对健康的影响	参考文献
农达®	通过口部填喂法250、500毫克/（千克·天）	Swiss小鼠（雄性）	每组6只	6周和10周	Phoenix系统鉴定方法	减少：棒状杆菌、厚壁菌门、拟杆菌门和乳酸菌	神经行为功能障碍	（Aitbali等，2018）
草甘膦	通过填喂法5、50和500毫克/（千克·天）	Sprague–Dawley大鼠（雄性）	每组8只	5周	16S rRNA（V3～V4）基因测序 基因表达（肠道）	改变肠道微生物的组成 显著增加了α多样性（主要是高剂量），而拟杆菌门/厚壁菌门的比值没有变化 增加：梭杆菌门、瘤胃球菌属、普雷沃氏菌科、普氏菌属 减少：厚壁菌门、乳酸菌	潜在的炎症反应，以及对小肠的完整性和功能的改变	（Tang等，2020b）
草甘膦	75、150和300毫克/升	培养的细菌：大肠杆菌、青春双歧杆菌、乳杆菌属鲁特氏菌	每组6只	16小时	>核黄素和叶酸分析 >LC MS/MS蛋白质组学分析（大肠杆菌） >MAIT细胞活化试验和流式细胞仪计数	>细菌代谢改变 >无生长抑制	潜在的炎症免疫反应（小于毒死蜱）	（Mendler等，2020）

资料来源：作者自述。

附表2-10 关于抑霉唑对肠道微生物组以及对宿主健康影响的实验研究概要

农药残留联合专家会议规定每日允许摄入量：0～0.03毫克/千克
急性参考剂量：0.05毫克/千克
使用：杀真菌剂

研究报告剂量	模型	样本量	周期	方法	对肠道微生物群的影响	对健康的影响	参考文献
在饮食中25、50或100毫克/（千克·天）	ICR小鼠（雄性）	每组8只（25或50毫克/千克），或每组13只（100毫克/千克或对照组）	4周+对一个控制组和最高剂量组不给治疗5周	16S rRNA（V3～V4）基因测序基因表达（肝脏和结肠）	丰度和多样性：在盲肠和粪便样本之间存在差异 粪便：增加：绿弯菌门、厚壁菌门、放线菌门和酸杆菌门 减少：拟杆菌门、变形菌门、蓝细菌 盲肠内容物：增加：梭菌目、毛螺菌科、螺杆菌科和螺杆菌属 减少：理研菌科、普氏菌属、粪厌氧棒状菌属、枸橼酸杆菌属、乳酸菌属、双歧杆菌属和脱硫弧菌属 高剂量（大量的粪便和盲肠）：减少：拟杆菌门、厚壁菌门和放线菌门	结肠炎症（尤其是高剂量）	（Jin等，2016）
口服0.1、0.5或2.5毫克/（千克·天）	小鼠C57BL/6（雄性）	每治疗组24～30只（每个时间点死亡8只小鼠）	2、5和15周	16S rRNA（V3～V4）基因测序基因表达（动物组织）	盲肠内容物和粪便：增加：拟杆菌门（在盲肠内容物中减少）、梭菌目、螺杆菌科和颤螺菌属 减少：厚壁菌门、放线菌、α-变形菌门、β-变形菌门、γ-变形菌门、普氏菌属、拟杆菌门和副拟杆菌属	代谢紊乱和肠道屏障功能障碍	（Jin等，2018a）

资料来源：作者自述。

附表2-11 关于马拉硫磷对肠道微生物组以及对宿主健康影响的实验研究概要

农药残留联合专家会议规定每日允许摄入量：0～0.3毫克/千克
急性参考剂量：2毫克/千克
使用：除螨剂、杀螨剂、杀虫剂

研究报告剂量	模型	样本量	周期	方法	对肠道微生物群的影响	对健康的影响	参考文献
在饮用水中2毫克/升［约0.6毫克/（千克·天）］	小鼠C57BL/6（雄鼠）	每组5只	13周（4周时检查粪便中的微生物组的组成）	>16S rRNA (V4) 基因测序 >鸟枪法宏基因组测序	增加：梭菌科、艰难杆菌科 减少：阿克曼菌属、多雷菌属、粪厌氧棒状菌属和毛螺菌科 出现：棒状杆菌 耗尽：布劳特氏菌属、罗斯氏菌属、克里斯滕森菌科和动球菌科	—	(Gao等，2018)

资料来源：作者自述。

附表2-12 关于久效磷对肠道微生物组以及对宿主健康影响的实验研究概要

农药残留联合专家会议规定每日允许摄入量：0～0.0006毫克/千克
急性参考剂量：0.002毫克/千克
使用：除螨剂、杀螨剂、杀虫剂

研究报告剂量	模型	样本量	周期	方法	对肠道微生物群的影响	对健康的影响	参考文献
在饮用水中0.028毫克/（千克·天）	小鼠BALB/c（雌性）	每组9只	180天（~26周）	>细菌元转录组学 >短链脂肪酸（粪便） >代谢组学（组织） >（粪便移殖）	微生物组形态改变	糖尿病风险	(Velmurugan等，2017)

资料来源：作者自述。

附表2-13　关于戊菌唑对肠道微生物组以及对宿主健康影响的实验研究概要

农药残留联合专家会议规定每日允许摄入量：0～0.03毫克/千克
急性参考剂量：0.8毫克/千克
使用：杀真菌剂

农药	研究报告剂量	模型	样本量	周期	方法	对肠道微生物群的影响	对健康的影响	参考文献
(一)-戊菌唑；(+)-戊菌唑；(±)-戊菌唑	在饮用水中30毫克/升估计值：4.5毫克/(千克·天)	小鼠ICR（雄性）	每组8只	4周	>16S rRNA (V3～V4)基因测序 >靶向血清代谢组学	(一)-戊菌唑：增加：拟杆菌门、蓝细菌、放线菌、普氏菌属 减少：厚壁菌门、螺杆菌、毛螺菌科、理研菌科、丹毒丝菌科、拟杆菌目 (+)-戊菌唑：增加：拟杆菌门 减少：螺杆菌、毛螺菌科、拟杆菌目 (±)-戊菌唑：减少：变形菌门、拟杆菌属、螺杆菌、丹毒丝菌科、拟杆菌目 增加：理研菌科	代谢紊乱的风险	(Meng等，2019)

资料来源：作者自述。

附表2-14　关于氯菊酯对肠道微生物组以及对宿主健康影响的实验研究概要

农药残留联合专家会议规定每日允许摄入量：0～0.05毫克/千克
急性参考剂量：1.5毫克/千克
使用：杀虫剂

研究报告剂量	模型	样本量	周期	方法	对肠道微生物群的影响	对健康的影响	参考文献
通过口部填喂法34毫克/(千克·天)	Wistar大鼠（雄性幼崽）	每组6只	暴露于氯菊酯：产后6天到产后21天（2周）微生物组粪便检查点：无暴露：产后21天（断奶期）、产后51天（青年期）、产后81天和产后141天（成年期）	>通过定量聚合酶链反应进行细菌定量 >短链脂肪酸分析（粪便）（定量聚合酶链反应）和培养	增加：拟杆菌属、普氏菌属、卟啉单胞菌乳杆菌属（产后21天、产后51天）增加：肠杆菌科（产后51天）减少：拟杆菌属、普氏菌属、卟啉单胞菌属（产后141天）	运动障碍的风险（根据靶向细菌和短链脂肪酸的变化推测）	(Nasuti等，2016)

（续）

研究报告剂量	模型	样本量	周期	方法	对肠道微生物群的影响	对健康的影响	参考文献
通过填喂法34毫克/（千克·天）	Wistar大鼠（雄性幼崽）	每组10只	暴露于氯菊酯产后6天至21天；产后21天到产后60天无暴露	>16S rRNA（V3）基因测序 >粪便短链脂肪酸分析	微生物群改变 增加：嗜褐藻污水杆菌 减少：毛螺菌属	肠道通透性和肝脏炎症、运动障碍	(Bordoni等, 2019)
氯菊酯+电解还原水（ERW）：通过填喂法氯菊酯34毫克4毫升/（千克·天）+10毫升/千克电解还原水，1天2次					增加：厚壁菌门、乳酸菌、布劳特氏菌属、毛螺菌科、疣微菌科、乳头菌属、罗斯氏菌属、肠杆菌属、沙特尔沃思菌属、颤杆菌 减少：拟杆菌门	在实验条件下抵消了氯菊酯的效应	

资料来源：作者自述。

附表2—15　关于霜霉威对肠道微生物组以及对宿主健康影响的实验研究概要

农药残留联合专家会议规定每日允许摄入量：0～0.4毫克/千克
急性参考剂量：2毫克/千克
使用：杀真菌剂

研究报告剂量	模型	样本量	周期	方法	对肠道微生物群的影响	对健康的影响	参考文献
约0.5、5、50毫克/（千克·天）	ICR小鼠（雄性）	每组8只	4周	>16S rRNA（V3～V4）基因测序（每周评估粪便微生物群） >基因表达（肝脏、结肠） >粪便和血清代谢组学	粪便内容物（每周测量1次）： 减少：α-和γ-变形菌门、拟杆菌门、β-变形菌门（第1周） 增加：厚壁菌门（前3周暴露在2个较低剂量）、放线菌、β-变形菌门（第3—4周） 盲肠内容物（高剂量水平）： 增加：拟杆菌门、酸杆菌门、绿弯菌门和浮霉菌门；拟杆菌科、脱盐杆菌科、拟杆菌属、脱卤素杆菌属、丁酸弧菌 减少：厚壁菌门、变形菌门、放线菌和软壁菌门；瘤胃球菌科、毛螺菌科、理研菌科、紫单胞菌科、脱硫弧菌科；颤螺菌属、副拟杆菌属、脱硫弧菌属、瘤胃球菌属 新增：平常拟杆菌	高剂量：代谢紊乱（琥珀酸盐、短链脂肪酸、胆汁酸和三甲胺改变）	(Wu等, 2018a)

（续）

研究报告剂量	模型	样本量	周期	方法	对肠道微生物群的影响	对健康的影响	参考文献
在饮用水中1、3、10毫克/升估计值：0.15、0.45、1.5毫克/（千克·天）	小鼠C57BL/6J（雄性）	每组4只	10周	>16S rRNA（V3 ～ V4）基因测序 >基因表达（宿主组织） >粪便和血清代谢组学	盲肠和粪便内容物： 增加：拟杆菌门 减少：厚壁菌门 粪便内容物： 增加：变形菌门、绿弯菌门、拟杆菌门和放线菌门；拟杆菌纲、普雷沃氏菌科、普氏菌属、多雷菌属 减少：疣微菌门 盲肠内容物（高剂量）： 增加：疣微菌门、臭杆菌科和紫单胞菌科；丁酸弧菌、颤螺菌属、副拟杆菌 减少：变形菌门	肠肝代谢紊乱，心血管病的风险	（Wu等，2018b）

资料来源：作者自述。

附表2-16 关于磷酸二乙酯（非特异性有机磷农药）对肠道微生物组以及对宿主健康影响的实验研究概要

研究报告计量	模型	样本量	周期	方法	对肠道微生物群的影响	对健康的影响	参考文献
通过填喂法0.08或0.13毫克/（千克·天）	Wistar大鼠（雄性）	每组10只	20周	16S rRNA（V3～V4）基因测序	低剂量： 增加：拟杆菌属、嗜鱼杆菌属（Pectenophilus）、阿德勒菌属、副普雷沃氏菌属 耗尽：瘤胃球菌科、酱球菌属和粪杆菌属 高剂量： 增加：乳酸杆菌、副拟杆菌、拟普雷沃氏菌属、严格厌氧芽孢杆菌1（Clostridium sensu stricto 1）、螺杆菌、腹真杆菌属群（Eubacterium ventriosum group）、肠杆菌属和未分类韦荣球菌科（norank f Erysipelotrichaceae） 耗尽：酱球菌属、瘤胃球菌科、嗜木聚糖真杆菌群（Eubacterium xylanophilum group）、暂定假丝酵母菌属（Candidatus Saccharimonas）、嗜褐藻污水杆菌UCG-011（Defluviitaleaceae UCG-011）、凯特百可特菌属、副萨特菌属、未分类克里斯滕森菌科（norank f Christensenellaceae）、消化链球菌科、黏液螺菌科、韦荣球菌属和暂定Soleaferrea菌属（Candidatus Soleaferrea）	存在潜在的内分泌改变和促炎反应（较高的磷酸二乙酯剂量）	（Yang等，2019）

资料来源：作者自述。

附表2-17　关于农药代谢物或副产物——p,p′-二氯二苯二氯乙烯（p,p′-滴滴伊）、β-六氯环己烷（β-六六六）对肠道微生物组以及对宿主健康影响的实验研究概要

研究报告剂量	模型	样本量	周期（天数）	方法	对肠道微生物群的影响	对健康的影响	参考文献
通过口部填喂法 p，p′-滴滴伊1毫克/（千克·天）或 β-六六六10毫克/（千克·天）	小鼠C57BL/6（雄性）	每组8只	8周	>16S rRNA（V4～V5）基因测序 >基因表达	增加：厚壁菌门和变形菌门；β-变形菌门；疣微菌目、伯克霍尔德氏菌目、双歧杆菌目、弯曲菌目、芽孢杆菌目、巴恩斯氏菌属、拟普雷沃氏菌属、颤杆菌属、乳酸菌属、副萨特菌属、阿克曼菌属　减少：拟杆菌门、疣微菌门、放线菌门、暂定螺旋体门（Candidatus Saccharibacteri）；拟杆菌纲、芽孢杆菌纲；拟杆菌目、乳杆菌目、海洋螺菌目；副拟杆菌、普氏菌属、拟杆菌属、梭菌XlVa、梭菌IV	代谢相关疾病	(Liu等, 2017)
通过口部填喂法 p，p′-滴滴伊2毫克/（千克·天），补充或不补充含2%果胶的水	小鼠C57BL/6J（雄性）	每组5只	8周+4周只暴露于果胶	>16S rRNA（V3～V4）基因测序 >粪便和血浆短链脂肪酸	p,p′-滴滴伊：减少：拟杆菌属　p,p′-滴滴伊+果胶：增加：拟杆菌门、副拟杆菌属、链球菌属、乳球菌属、布劳特氏菌属、梭菌属、拟杆菌属　减少：变形菌门、脱铁杆菌门、蓝细菌　果胶（在p,p′-滴滴伊暴露停止后）：增加：拟杆菌门、副拟杆菌属、链球菌属、乳球菌属、布劳特氏菌属、梭菌属　减少：厚壁菌门、变形菌门、放线菌门	代谢综合征，如高血糖、胰岛素抵抗和肥胖（通过补充果胶来减轻）	(Zhan等, 2019)

资料来源：作者自述。

附表2-18　关于混配农药对肠道微生物组以及对宿主健康影响的实验研究概要

配方或混合物	研究报告剂量	模型	样本量	周期	方法	对肠道微生物群的影响	对健康的影响	参考文献
混合物：啶酰菌胺、克菌丹、毒死蜱、硫菌灵、噻虫啉和福美锌	标准食物中含有啶酰菌胺[0.04毫克/（千克·天）]、克菌丹[0.1毫克/（千克·天）]、毒死蜱[0.01毫克/（千克·天）]、硫菌灵[0.08毫克/（千克·天）]、噻虫啉[0.01毫克/（千克·天）]和福美锌[0.006毫克/（千克·天）]	野生型Wistar大鼠C57BL/6J和组成型雄甾烷受体-存在缺陷的（CAR-/-）小鼠（雄性和雌性）	每天每组4或5只	52周	>转录组学（肝脏）代谢组学（尿液、血浆、肝脏）>脂质组学	微生物组组成尚未研究	代谢相关疾病、糖尿病（微生物组没有明确的作用）	(Lukowicz等，2018)
研究A 三嗪类除草剂（西玛津、莠去津、莠灭净、特丁津和嗪草酮）和氨苄西林	口服除草剂2毫克/（千克·天）+氨苄西林90毫克/（千克·天）（3次/天）	Sprague-Dawley大鼠（雄性）	每组5只	总共7天（氨苄西林服用3天后加入除草剂，共同服用4天）	>16S rRNA（V3～V4）基因测序>基因表达（肝脏）	增加：拟杆菌属 减少：瘤胃球菌科、毛螺菌科、厌氧棍状菌属	三嗪类除草剂的生物利用度提高，并增加暴露风险	(Zhan等，2018)
研究B 三嗪类除草剂和抗生素混合物（氨苄西林、新霉素、庆大霉素和甲硝唑）以及万古霉素	口服除草剂2和20毫克/（千克·天）+混合液7毫克/（千克·天）（通过填喂法，每种1.75毫克/天，万古霉素0.875毫克/天）			14天混合液+除草剂后（未知时间线）		变化：瘤胃球菌科、厌氧棍状菌属		
研究C 移殖		无菌鼠				与拥有正常微生物群的鼠相比：减少：厚壁菌门；红蝽菌纲；毛螺菌科、瘤胃球菌科、颤杆菌属		

（续）

配方或混合物	研究报告剂量	模型	样本量	周期	方法	对肠道微生物群的影响	对健康的影响	参考文献
氯菊酯和溴吡斯的明	口服氯菊酯200毫克/千克和溴吡斯的明2毫克/千克（随后，小鼠用皮质酮进行IP治疗）	C57BL/6J野生型小鼠和TLR4 KO（海湾战争综合征）小鼠	每组3只	分别在第7天和第5天口服3次	16S rRNA（V3～V4）测序和细胞培养	减少：乳酸菌属和双歧杆菌属	全身炎症	（Seth等，2018）
氯菊酯和溴吡斯的明	口服氯菊酯200毫克/千克和溴吡斯的明2毫克/千克（随后，小鼠用皮质酮进行IP治疗）	C57BL/6J野生型小鼠和TLR4 KO（海湾战争综合征）小鼠（雄性）	每组6只	在第7天口服3次	16S rRNA（V4）基因测序	增加：厚壁菌门、软壁菌门；异杆菌属、粪球菌属、苏黎世杆菌属、多雷菌属、瘤胃球菌 减少：拟杆菌门	神经元和肠道炎症	（Alhasson等，2017）

资料来源：作者自述。

附录 3

农药分类

通用名称、CAS编号、化学品类别、主要用途、化学类型和毒性水平

农药	CAS编号[1]	化学品类别[1]	用途[1]	化学类型[2]	毒性(WHO标准)[2]
2,4-滴	94-75-7	含苯氧基	除草剂	苯氧乙酸衍生物	II - 中度危害
涕灭威	116-06-3	氨基甲酸酯	除螨剂、杀螨剂、杀虫剂、杀线虫剂	氨基甲酸酯	Ia - 极度危害
多菌灵	10605-21-7	氨基甲酸酯杂环	杀真菌剂	—	U - 无急性危害
毒死蜱	2921-88-2	杂环有机磷/有机硫磷	杀虫剂	有机含磷化合物	II - 中度危害
滴滴涕	50-29-3	有机氯	污染物	有机氯化合物	II - 中度危害
溴氢菊酯	52918-63-5	拟除虫菊酯	杀虫剂	拟除虫菊酯	II - 中度危害
二嗪磷	333-41-5	杂环有机磷/有机硫磷	除螨剂、杀螨剂、杀虫剂	有机磷化合物	II - 中度危害
硫丹	115-29-7	杂环有机氯	除螨剂、杀螨剂、杀虫剂	有机氯化合物	II - 中度危害
氟环唑			杀真菌剂*		
草甘膦	1071-83-6	有机磷/有机硫磷	除草剂	—	III - 轻度危害
六氯环己烷	608-73-1[2]		杀虫剂[2]	有机氯化合物[2]	II - 中度危害
抑霉唑	35554-44-0	杂环的	杀真菌剂		II - 中度危害

（续）

农药	CAS编号[1]	化学品类别[1]	用途[1]	化学类型[2]	毒性（WHO标准）[2]
马拉硫磷	121-75-5	有机磷/有机硫磷	除螨剂、杀螨剂、杀虫剂	有机磷化合物	III - 轻度危害
久效磷	6923-22-4	有机磷/有机硫磷	除螨剂、杀螨剂、杀虫剂	有机磷化合物	Ib - 高度危害
戊菌唑	66246-88-6	杂环有机氯	杀真菌剂		III - 轻度危害
氯菊酯	52645-53-1	拟除虫菊酯	杀虫剂	拟除虫菊酯	II - 中度危害
霜霉威	24579-73-5	氨基甲酸酯	杀真菌剂		U - 正常使用无急性危害

* 杀真菌剂未列入WHO分类。

资料来源：

① 世卫组织。2021。《农药残留联席会议评估清单》。世卫组织。引自2021.12.30。https://apps.who.int/pesticide-residues-jmpr-database

② 世卫组织。2010。《2019版世界卫生组织推荐的农药危害性分类和分类指南》，日内瓦。世卫组织。https://apps.who.int/iris/handle/10665/4427

图书在版编目（CIP）数据

农药残留对肠道微生物组和人体健康的影响 ：食品安全视角 ／ 联合国粮食及农业组织编著 ；马秀鹏，朱禹函，张硕译． —— 北京 ：中国农业出版社，2025．6． (FAO中文出版计划项目丛书)． —— ISBN 978-7-109-33000-9

Ⅰ．S481；Q939；R151.2

中国国家版本馆CIP数据核字第20259UN628号

著作权合同登记号：图字01-2024-6552号

农药残留对肠道微生物组和人体健康的影响
NONGYAO CANLIU DUI CHANGDAO WEISHENGWUZU HE RENTI JIANKANG DE YINGXIANG

中国农业出版社出版

地址：北京市朝阳区麦子店街18号楼
邮编：100125
责任编辑：郑　君　　文字编辑：银　雪
版式设计：王　晨　　责任校对：吴丽婷
印刷：北京通州皇家印刷厂
版次：2025年6月第1版
印次：2025年6月北京第1次印刷
发行：新华书店北京发行所
开本：700mm×1000mm　1/16
印张：7.5
字数：145千字
定价：88.00元